AF453362

A LA MÉMOIRE

DE

FRANÇOIS BUTTEAUD

MÉDECIN DE LA MARINE

HOMMAGE

ET

RESPECTUEUX SOUVENIRS

DE SON FILS

EDOUARD BUTTEAUD

PIPINE (ARVE) 1880

FLORE TAHITIENNE

Extrait du rapport de la Commission chargée de l'examen du travail de M. Ed. Butteaud.

. . . .
. . . .

« Nous pensons en effet que les personnes qui s'intéressent à la flore du pays, ou bien celles qui sont simplement désireuses d'avoir certaines notions sur telle ou telle autre plante de notre archipel, trouveront facilement dans cet ouvrage les renseignements désirés.

« Toutes les plantes, indigènes ou importées, connues jusqu'à ce jour se trouvent classées dans cette flore avec les caractères de leurs familles, et les plus importantes d'entre elles avec leurs caractères spécifiques qui permettent de les reconnaître à première vue.

« La classification adoptée par M. Butteaud est d'une grande simplicité, d'abord deux grandes divisions ou deux parties qui comprennent : la première, les plantes cotylédones ou phanérogames ; la deuxième, les plantes acotylédones ou cryptogames. Dans cette deuxième partie sont les fougères, les hépatiques et les mousses. L'auteur n'a pas jugé à propos de s'occuper des autres cryptogames d'un intérêt tout à fait secondaire, son attention s'est portée surtout sur la première partie, qui est, sans contredit, la plus importante. Il a divisé les cotylédones en deux embranchements ou chapitres bien naturels : celui des dicotylédones et celui des monocotylédones. Le chapitre des monocotylédones ne comporte qu'un petit nombre de familles; la description qu'il donne de leurs caractères généraux aidera le lecteur, qui aura à déterminer si une plante qu'il examine est une dicotylédone ou une monocotylédone. Le vaste chapitre des dicotylédones a été divisé en trois paragraphes, d'un caractère bien évident et bien tranché. Dans le premier sont groupées les plantes dont les fleurs ont plusieurs pétales distincts, les polypétales. Ce premier paragraphe comprend deux subdivisions fondées sur le mode d'insertion des étamines. La première subdivision, A. Hypogyne, renferme les fleurs polypétales dont les étamines sont insérées au-dessous de l'ovaire. Dans la deuxième, B. Périgynes, sont les fleurs polypétales dont les étamines ont leurs points d'insertion autour de l'ovaire, et quelquefois au-dessus. Après les polypétales viennent : au paragraphe II, les gamopétales, dont les fleurs ont les pétales soudés côte à côte, et au paragraphe III, les apétales ou plantes sans pétales apparents.

« D'autre part, les caractères de chaque famille sont décrits avec beaucoup de netteté.

« Il nous a donc semblé que cet ouvrage pourrait servir non-seulement à la connaissance exacte des plantes tahitiennes actuellement connues, mais aussi à la classification de celles que nous ne connaissons pas encore et que l'on découvrira plus tard.

. . . .

. . . .

« Afin de faciliter le lecteur dans ses recherches, nous avons dressé un tableau synoptique d'après la classification adoptée par M. Butteaud. »

CLASSIFICATION SUIVIE DANS CET OUVRAGE

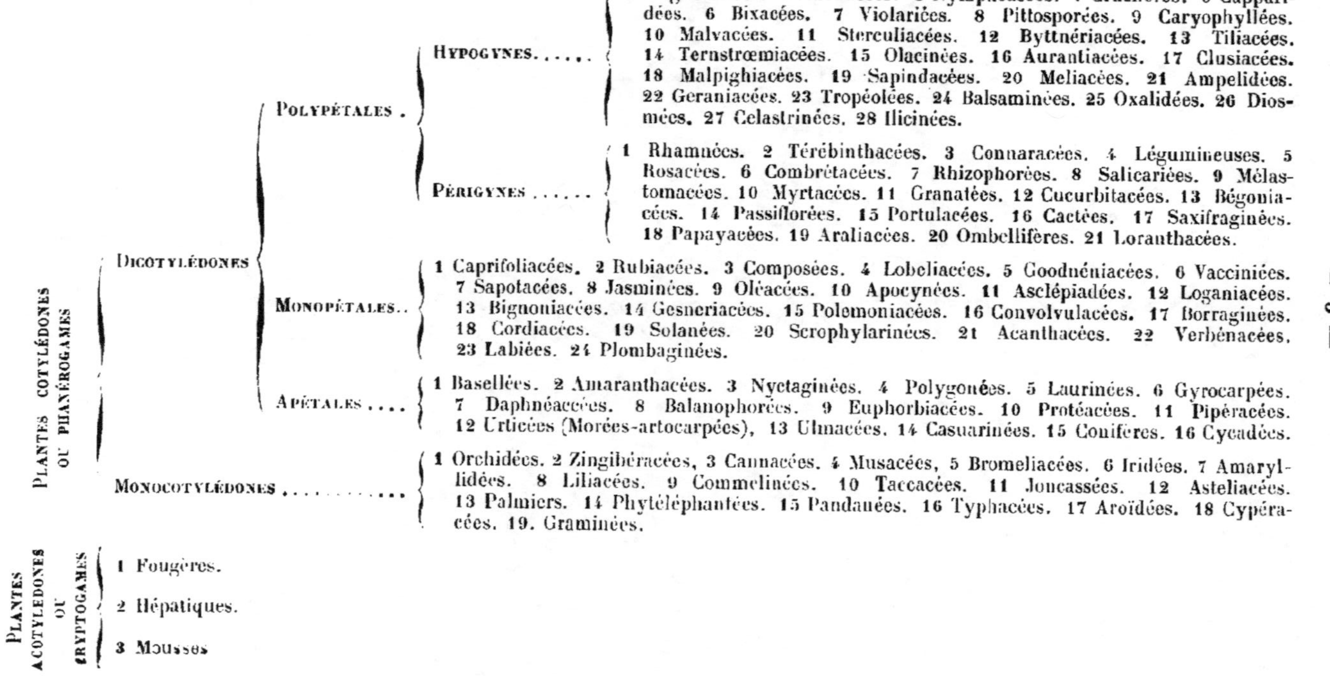

- **Plantes cotylédones ou phanérogames**
  - **Dicotylédones**
    - **Polypétales**
      - **Hypogynes**..... 1 Magnoliacées. 2 Anonacées. 3 Nymphéacées. 4 Crucifères. 5 Capparidées. 6 Bixacées. 7 Violariées. 8 Pittosporées. 9 Caryophyllées. 10 Malvacées. 11 Sterculiacées. 12 Byttnériacées. 13 Tiliacées. 14 Ternstrœmiacées. 15 Olacinées. 16 Aurantiacées. 17 Clusiacées. 18 Malpighiacées. 19 Sapindacées. 20 Meliacées. 21 Ampelidées. 22 Geraniacées. 23 Tropéolées. 24 Balsaminées. 25 Oxalidées. 26 Diosmées. 27 Celastrinées. 28 Ilicinées.
      - **Périgynes**...... 1 Rhamnées. 2 Térébinthacées. 3 Connaracées. 4 Légumineuses. 5 Rosacées. 6 Combrétacées. 7 Rhizophorées. 8 Salicariées. 9 Mélastomacées. 10 Myrtacées. 11 Granatées. 12 Cucurbitacées. 13 Bégoniacées. 14 Passiflorées. 15 Portulacées. 16 Cactées. 17 Saxifraginées. 18 Papayacées. 19 Araliacées. 20 Ombellifères. 21 Loranthacées.
    - **Monopétales**.. 1 Caprifoliacées. 2 Rubiacées. 3 Composées. 4 Lobeliacées. 5 Goodéniacées. 6 Vacciniées. 7 Sapotacées. 8 Jasminées. 9 Oléacées. 10 Apocynées. 11 Asclépiadées. 12 Loganiacées. 13 Bignoniacées. 14 Gesneriacées. 15 Polemoniacées. 16 Convolvulacées. 17 Borraginées. 18 Cordiacées. 19 Solanées. 20 Scrophylarinées. 21 Acanthacées. 22 Verbénacées. 23 Labiées. 24 Plombaginées.
    - **Apétales**.... 1 Basellées. 2 Amaranthacées. 3 Nyctaginées. 4 Polygonées. 5 Laurinées. 6 Gyrocarpées. 7 Daphnéacées. 8 Balanophorées. 9 Euphorbiacées. 10 Protéacées. 11 Pipéracées. 12 Urticées (Morées-artocarpées), 13 Ulmacées. 14 Casuarinées. 15 Conifères. 16 Cycadées.
  - **Monocotylédones**............ 1 Orchidées. 2 Zingibéracées, 3 Cannacées. 4 Musacées, 5 Bromeliacées. 6 Iridées. 7 Amaryllidées. 8 Liliacées. 9 Commelinées. 10 Taccacées. 11 Joncassées. 12 Asteliacées. 13 Palmiers. 14 Phytéléphantées. 15 Pandanées. 16 Typhacées. 17 Aroïdées. 18 Cypéracées. 19. Graminées.
- **Plantes acotylédones ou cryptogames**
  - 1 Fougères.
  - 2 Hépatiques.
  - 3 Mousses

PREMIERE PARTIE

PLANTES COTYLÉDONES

OU

PHANÉROGAMES

CHAPITRE 1er

DICOTYLÉDONES

§ 1er.

POLYPÉTALES

A.

HYPOGYNES

Groupe de plantes dicotylédones dont les fleurs ont les pétales distincts, non soudés entre eux, et les étamines insérées sur le réceptacle, au-dessous de l'ovaire.

I. — FAMILLE DES MAGNOLIACÉES.

Arbres et arbrisseaux à feuilles alternes simples, coriaces et pourvues de stipules qui enveloppent le bourgeon terminal. Fleurs généralement très grandes, à trois ou six sépales, souvent colorés, caducs ; six pétales ou plus, imbriqués ; étamines très nombreuses, insérées sur plusieurs rangs superposés au-dessous des ovaires ; ovaires rarement solitaires, deux ou plusieurs ovules, fruits secs ou charnus.

Famille de végétaux dédiée à Fr. Magnol, professeur de botanique, à Montpellier.

Magnolia grandiflora.

Vers le mois d'octobre cette variété, émet des rameaux nouveaux, et en décembre on voit des boutons florifères apparaître. La végétation de cet arbre a beaucoup d'analogie avec celle de l'artocarpus incisa ; ainsi on le voit pendant de longs mois rester stationnaire, et tout-à-coup, les stipules tombent et des tiges nouvelles naissent.

Magnolia fuscata.

Arbrisseau, en fleurs depuis le mois d'août jusqu'en janvier. Ces deux variétés ont été introduites en 1875 et 1876 par Ed. Butteaud.

II. — FAMILLE DES ANONACÉES.

Arbres et arbrisseaux à feuilles alternes entières. Fleurs axillaires solitaires ou fasciculées ; calices à trois lobes ; six pétales épais disposés sur deux rangs ; ovaires nombreux, se soudant tous ensemble en grossissant et ne formant plus qu'un fruit charnu à la maturité.

Anona Squamosa.

Pomme cannellier. Cet arbrisseau perd presque totalement ses feuilles au commencement des mois d'août et de septembre, puis il se couvre de bourgeons axillaires qui portent de trois à cinq fleurs. En général, les deux tiers de ces fleurs tombent. Les fruits mûrissent en février-mars. Cet arbrisseau a été introduit à Tahiti en 1817 par M. Ellis, missionnaire.

Anona Cherimolia.

Mêmes observations que pour le précédent, moins répandu cependant. On doit son introduction à l'amiral Le Goarant, en 1846.

Anona Muricata.

Corrosol dit aussi *Cœur-de-bœuf.* Ne perd presque pas ses feuilles et fructifie aux mêmes époques.

Anona Mexicana.

Perd ses feuilles en août. Fruit de saveur médiocre. Introduit en 1876 par Mme Michaux.

Unonanona Odorata.

Plante importée à Tahiti par Mme Dunnett. Des fleurs envoyées en France ont été examinées par M. Baillon, professeur de botanique à l'école de Médecine de Paris, et ont motivé la note suivante :

« Les fleurs envoyées par M. Ed. Butteaud sont celles d'un
« Canang (Unonanona odorata), ces fleurs sont célèbres par leur par-
« fum. On les emploie en Malaisie à confectionner des pommades,
« lotions, etc. Ils forment la base du parfum dit chez nous *Ihlang-*
« *Ihlang,* aujourd'hui à la mode, et en Malaisie du *Borri-Borri.*
« Guibaut pense que la vraie huile de Macassar vient de ces plantes.
« Il y aurait avantage à importer ces fleurs pour la parfumerie. »

Motoi des indigènes.

III. — FAMILLE DES NYMPHÉACÉES.

Plantes aquatiques, herbacées, vivaces, à rhizome charnu ; feuilles radicales, flottantes, longuement pétiolées ; fleurs longuement pédonculées à quatre ou six sépales ; pétales nombreux étamines indéfinies, hypogynes, ovaires à plusieurs loges stigmates rayonnants, fruit charnu indéhiscent, polysperme.

Nymphaea rubra.

Indes orientales. Cette plante a été introduite à Tahiti par le docteur Johnstone.

IV. — FAMILLE DES CRUCIFÈRES.

Plantes herbacées, quelquefois petits sous-arbrisseaux, à feuilles ordinairement alternes, sans stipules. Fleurs régulières, à quatre sépales ; quatre pétales ; six étamines dont deux plus courtes ; ovaire à deux loges, deux stigmates sessiles. Siliques à la maturité.

Nasturtium officinale.

Cresson de fontaine. Introduit en 1852 par le docteur Johnstone. Cette précieuse crucifère est aujourd'hui très répandue. On la trouve dans presque toutes les vallées et il est rare qu'elle n'existe pas dans les bassins des nombreuses cascades des Iles de la Société et des Marquises.

Cardamine Sarmentosa.

Indigène *Patoa* se trouve dans toutes les vallées.

Lepidium piscidium.

Espèce de cresson alénois. Indigène. Croît dans les terrains madréporiques des îles Tuamotu (hora-hora).

Brassica oleracea.

Choux ordinaire. Le choux ne fait pas graine à Tahiti, il faut le propager par boutures et par semis.

V. — FAMILLE DES CAPPARIDÉES.

Plantes herbacées et ligneuses, à feuilles ordinairement alternes stipulées. Fleurs à quatre sépales et quatre pétales; 4 ou 6 étamines ou très nombreuses, insérées sur un torus plus ou moins allongé. Ovaire largement stipité, à plusieurs loges. Fruit sec siliquiforme ou globuleux, uniloculaire.

Cratæva religiosa.

Puaveoveo des indigènes. Les temples des indigènes, appelés maraë, étaient ornés par quelques pieds de cratœva. On ne lui connaît aucune utilité.

Capparis inermis.

Câprier ordinaire. Sans épines. Introduit par M. Pinaudier en 1881.

C. spinosa.

Introduit par M. Ed. Butteaud en 1882.

Ces deux variétés de câprier sont donc d'introduction récente.

C. Sandwischiana.

Se trouve aux îles Tuamotu.

VI. — FAMILLE DES BIXACÉES.

Arbres ou arbrisseaux à feuilles alternes munies de stipules caduques; fleurs régulières, unisexuées ou hermaphrodites, à trois, quatre, cinq ou quinze sépales distincts ou soudés; corolle nulle ou composée de pétales en nombre égal à celui des sépales; étamines hypogynes nombreuses; ovaire uniloculaire à placentas pariétaux; fruit capsulaire.

Bixa orellana.

Arbre de cinq à sept mètres, tige roussâtre, feuilles en cœur; fleurs rose pâle en panicules terminales. Les fruits servent à confectionner une teinture employée dans les arts. Cette plante a été introduite ici en 1845 par le docteur Jonhstone.

Xylosma Suaveolens ou *X. Lepinei.*

Arbuste nommé par les indigènes *Pine*. Floraison odoriférante.

Melicytus ramiflorus ou *Carumbium nutans.*

Fenia des indigènes.

VII. — FAMILLE DES VIOLARIÉES.

Plantes herbacées, rarement ligneuses, à feuilles alternes munies de stipules; fleurs irrégulières pourvues de deux petites bractées à leur base; cinq sépales et cinq pétales inégaux, dont un prolongé en éperon; 5 étamines à anthères sessiles enveloppant l'ovaire qui est uniloculaire à 3 placentas pariétaux, devenant une capsule s'ouvrant en 3 valves.

Viola odorata.

Violette odorante. Cette plante a été plusieurs fois importée à Tahiti, notamment en ces derniers temps (1876), par Madame Boyd : mais ce n'est qu'à Madame La Barbe que revient l'honneur de son acclimatation à Tahiti. La floraison a lieu en septembre et octobre; c'est aussi à cette époque qu'elle se propage par émission de coulants.

V. tricolor.

Pensée des jardins, introduite aussi à plusieurs reprises à Tahiti ; mais grainant difficilement, ce qui s'oppose à sa propagation.

VIII. — FAMILLE DES PITTOSPORÉES

Arbrisseaux ou arbres à feuilles alternes sans stipules ; fleurs régulières à 5 sépales ; 5 pétales ; 5 étamines hypogynes ; 1 ovaire à 2 et 5 loges, surmonté d'un style simple et devenant une capsule ou une baie à la maturité.

Pittosporum undulatum.

Cet arbrisseau, nommé *ofeo* par les indigènes, est sans emploi soit dans la confection de leurs remèdes, soit dans leur industrie.

IX. — FAMILLE DES CARYOPHYLLÉES.

Herbes, rarement sous-arbrisseaux, à tiges articulées, noueuses à feuilles opposées, sans stipules, toujours entières ; fleurs régulières, à cinq sépales distincts ou soudés en tube ; cinq pétales munis d'un onglet ; 10 étamines, 1 ovaire uniloculaire quelquefois à plusieurs loges, surmonté de 2 à 5 styles et devenant à la maturité une capsule à loge et placenta central.

Dianthus barbatus. — D. Sinensis. — D. Heddewigii. — D. Laciniatus. — D. Caryophyllus. — D. Plumarius.

Œillet des poëtes. Œillets de Chine.

Depuis les évènements de 1844, les œillets ont toujours fait l'ornementation des parterres tahitiens, M. Bonard, ses successeurs et les différents fleuristes tahitiens ont toujours fait une large part dans leurs jardins à cette belle plante.

X. — FAMILLE DES MALVACÉES.

Herbes, arbrisseaux et arbres, à feuilles alternes munies de deux stipules ; fleurs régulières, souvent pourvues d'un calicule ; calice monosépale à cinq divisions ; cinq pétales ; étamines en nombre indéfini, soudées par les filets, en un long tube hérissé d'anthères ; un ovaire à cinq loges, ou plusieurs ovaires uniloculaires disposés autour d'une colonne centrale ; styles en nombre égal aux ovaires ; fruit capsulaire.

Urena Lobata.

Piripiri des indigènes. Cette plante croît un peu partout, les bestiaux en sont très friands. N'a aucune autre utilité.

Hibiscus. — Rosa Sinensis.

Introduit en 1845 par le docteur Jonhston. Variétés à fleurs doubles, rouge brun et jaune saumon.

Sida frutescens.

Herbe à balais, pourrait fournir un excellent textile.

Abutilon Striatum.

Introduit en 1850 par Mgr d'Axiéri.

Abelmoschus moschatus.

Fautia des indigènes.

Hibiscus Esculentus.

Gombo.

H. Mutabilis.

Il existe à Tahiti deux variétés, l'une à fleurs blanches et l'autre à fleurs roses. Ces variétés sont aussi quelquefois doubles.

H. Tiliaceus ou ***Paritium Tiliaceum.*** — ***H. Abortivum*** (Faupa). — ***H. Trilobatum*** (Faurau maire).

Purau des indigènes. Cet arbre existe sur tout le littoral des îles de la Société on le voit aussi dans les vallées jusque par une altitude de **1,000** mètres où il commence à disparaître. Son bois est très apprécié des charpentiers, et a l'avantage de pouvoir fournir d'excellentes courbes pour la construction des navires et des embarcations ; il est indestructible et se ploie aisément. Dans ces derniers temps des essais ont été tentés sur son écorce comme textile et les manufacturiers de Hambourg l'on fait servir aux mêmes usages que le ***Jute.*** On a aussi fait des expériences sur les jeunes rameaux pour remplacer le liège, enfin ses bourgeons et ses fleurs peuvent être employés en médecine aux mêmes usages que la mauve.

Gossypium Religiosum.

Vavai des indigènes. Croît à l'état sauvage dans certaines vallées. Autrefois les indigènes employaient sa soie nommée ***Puru*** à la confection des oreillers et des matelas ; mais aujourd'hui ils préfèrent le produit du ***Bombax malabaricum.***

G. Vitifolium.

Introduit en premier lieu par le capitaine Marsden. Postérieurement de nouvelles espèces ont été plantées à Tahiti et plusieurs variétés de coton ***Sea Island*** ont été cultivées à Atimaono, plantation Soarès. En 1882 l'administration locale, par l'intermédiaire de son comité central d'agriculture, a cherché à faire arracher les mauvaises espèces et à les remplacer par des cotons de ***Georgie longue soie*** et des ***Sea Island.*** Ces tentatives semblent devoir être couronnées de succès.

Thespesia Populnea.

Miro des indigènes. Arbre sacré de leurs anciens rites. Le miro nommé aussi *Bois de rose* servait autrefois à la confection des idoles et des différents meubles des temples. Les pirogues et les ustensiles des prêtres étaient faits avec ce bois ; il était *tapu.* (sacré).

Althæa alba.

XI. — FAMILLE DES STERCULIACÉES.

Arbres ou arbrisseaux couverts de poils étoilés, à feuilles alternes généralement munies de petites stipules caduques; fleurs régulières; calice monosépale à 5 divisions; corolle quelquefois nulle ou à 5 pétales; étamines indéfinies soudées par la base des filets, à anthères biloculaires; ovaires distincts ou soudés entre eux au nombre de cinq, fruit capsulaire ou charnu; graines munies d'un arille et quelquefois de soies ou longs poils.

Adansonia digitata.

Introduit en 1845 par M. Johnstone. Ce colosse africain a déjà été trop décrit, pour ici, chercher à le dépeindre.

Sterculia heterophylla.

Indigène.

S. accrifolia.

Indigène.

Bombax malabaricum.

Vavai des indigènes. Il est très répandu dans les îles de la Société, notamment aux Iles-Sous-le-Vent. Il est probable qu'il a été introduit par les premiers missionnaires protestants. Cet arbre donne deux récoltes par an. Il se dépouille complètement de ses feuilles avant la maturité de ses capsules. Vers le mois de septembre celles-ci s'ouvrent et laissent échapper ses graines qui sont entourées d'une soie très fine; la chute des feuilles a lieu en juillet.

XII. — FAMILLE DES BYTTNERIACÉES

Plantes ligneuses, à feuilles alternes simples, munies de stipules; fleurs régulières, calice monosépale à 4 ou 5 divisions, cinq pétales, étamines hypogines, en nombre égal à celui des pétales, ou multipletube en colonne, ovaire à plusieurs loges; fruit sec, indéhiscent, contenant de nombreuses graines.

Commersonia Echinata.

Nommé *Mao* par les indigènes.

Melochia Hispida.

Petit arbrisseau du même nom.

Woltheria Americana.

Indigène.

Buttneria Tahitensis.

Liane nommée *Oronau.*

Abroma Augusta.

Introduit par l'amiral Bonard. Un seul pied existe à Tahiti : il est planté derrière la Majorité, fleurit, et a environ cinq mètres de hauteur.

Theobroma Cacao.

Introduit en 1848 par le Dr Johnstone. Cet arbre, que tout le monde connait, croît très bien aux îles de la Société, et l'on peut s'étonner de ne pas voir sa culture plus étendue ; çà et là, dans quelques plantations on le trouve encore mais enfoui sous des lianes ou des goyaviers ; certes ce noble représentant des Byttneriacées est digne d'un meilleur sort, et nous appelons toute la sollicitude de nos gouvernants sur cet arbre qui a été une des sources de richesses de nos colonies.

XIII. — FAMILLE DES TILIACÉES.

Arbres et arbrisseaux, rarement herbes ; à feuilles alternes avec stipules, fleurs axillaires à 5 ou 4 sépales et 5 ou 4 pétales, étamines hypogines ; un ovaire à une ou plusieurs loges avec style, fruit sec ou charnu.

Triumfetta Procumbens.

Nommé par les indigènes *Urio.*

Grewia Mallacoco.

Haupaa en tahitien. Floraison en octobre et novembre.

Grewia Tahitensis.

XIV. — FAMILLE DES TERNSTRŒMIACÉES.

Arbres et arbrisseaux à feuilles ordinairement alternes, simples coriaces, luisantes, dépourvues de stipules; fleurs régulières très belles et généralement grandes, à 3, 4, 5 sépales ; pétales en nombre égal à celui des sépales ; étamines en nombre indéfini, ovaire unique à une ou plusieurs loges, devenant un fruit capsulaire ou charnu.

Camellia japonica.

Plusieurs fois les camellias ont été introduits à Tahiti. MM. Bonnet, Thunot, Labbé en ont reçu de Valparaiso et de San Francisco. En 1876 M. Ed. Butteaud a aussi reçu de la Nouvelle-Zélande les variétés simples *Pibilee*, *Pressii*, *Imosen, Elfeda et Aspasia.*

On ne peut pas assigner exactement l'époque de leur floraison et les phases de leur végétation, cependant il est certain que, vers les mois de septembre, octobre et novembre, ils émettent des pousses et des feuilles avec plus de vigueur. Il est certain que si l'on livrait quelques individus aux vallées humides de l'intérieur, le succès serait complet et le problème résolu.

Thea Bohea.

XV. — FAMILLE DES OLACINÉES.

Cette famille se compose de végétaux ligneux à feuilles simples, alternes, pétiolées, sans stipules, à fleurs très petites axillaires au terminales; à calice très petit, persistant entier au denté, prenant souvent beaucoup d'accroissement ; corolle à 3 ou 6 pétales coriaces, sessiles valvaires, libres ou soudés par leur base, étamines hypogynes au nombre de 10 ; ovaire libre à une seule loge. Le fruit est drupacé, indéhiscent, souvent recouvert par le calice et contenant une seule graine.

Ximenia Elliptica.

Rama des indigènes. Arbrisseau, croît sur les plages sablonneuses, le fruit est mangeable quoique très acidule.

XVI. — FAMILLE DES AURANTIACÉES

Arbres et arbrisseaux pourvus, dans toutes leurs parties, de vésicules d'huile essentielle volatile ; feuilles alternes, simples ou composées, à une ou plusieurs folioles articulées ponctuées, glanduleuses, sans stipules. Fleurs régulières ; calice entier ou à 5 dents ; 5 à 8 pétales ; étamines en nombre double de celui des pétales ou indéfini, libres ou soudées intérieurement par les filets, monadelphes ou polyadelphes ; ovaire à 5 loges ou plus, surmonté d'un style devenant un fruit charnu ou sec, indéhiscent.

Citrus medica.

Croît à l'état sauvage. A été, un certain temps, l'objet d'un commerce avec l'Amérique. Son jus aussi se vendait avec avantage à Sydney.

C. Limetta.

Se trouve dans les vallées humides.

C. Decumana.

Pamplemoussier. Quelques spécimens se trouvent çà et là dans les grandes vallées notamment celles de Fautaua, Mahina et de Papenoo.

C. Aurantium.

Oranger ordinaire. D'après la tradition ce serait le navigateur Cook, lors de sa deuxième expédition à Tahiti, qui aurait importé dans les îles de la Société cette précieuse plante, qui aujourd'hui fait l'objet d'un commerce sérieux avec la Californie.

C. Nobilis.

Mandarinier. Introduit par M. le docteur Johnstone en 1845. Maturité des fruits en juillet. Cet arbre n'est pas répandu à Tahiti ; il n'existe guère qu'à Moorea, mais dans ces derniers temps, par les soins du comité central d'agriculture, des sujets provenant du Cap ont été distribués à Tahiti à ceux qui ont voulu en prendre soin.

C. Variegata.

Introduit en 1876 par Ed. Butteaud.

C. Histrix.

Combava, sorte de citron de la Réunion.

XVII. — FAMILLE DES CLUSIACÉES.

Guttifères de Jussien. Arbres, quelquefois arbrisseaux épiphytes contenant un suc résineux jaune ; feuilles opposées en croix, sans stipules, simples, coriaces, entières, à nervures secondaires transversales. Fleurs régulières, grandes, accompagnées de quelques bractées, à 2, 4, 6, 8 sépales, autant de pétales : étamines nombreuses, distinctes ou soudées par la base des filets en plusieurs faisceaux ; ovaire unique à plusieurs loges, couronné par un stigmate généralement sessile ; fruit souvent comestible.

Calophyllum Inophyllum.

Tamanu des indigènes, arbre sacré dans l'ancienne théogonie de ces peuples servait aux mêmes usages que le bois de rose. Cet arbre appartient aux guttiffères de Jussien et à la polyandrie monogynie de Linée. Il est peu élevé, tortueux, écorce épaisse et rugueuse, crevassée et d'un rouge brun, rameaux verts au sommet, glabres et recouverts d'un épiderme lisse et brunâtre, cimes irrégulières. Feuilles grandes, opposées, décussées, pétiolées, elliptiques, entières, marginées, de 15 à 20 centimètres de long de 6 à 9 de largeur, fermes, luisantes et coriaces, d'un beau vert en dessus et couleur pâle en dessous, nervure médiane, vue sur la face inférieure de la feuille, jaune et saillante. Fleurs en grappes régulières axillaires, à l'extrémité des rameaux, pédoncules blancs et lisses, odeur douce et agréable. Elles sont munies à la base de bractées petites, triangulaires, caduques. Le calice est formé de deux verticilles composés chacun de deux sépales blancs. Corolle à quatre pétales blancs, plus longs que les divisions du calice et alternant avec elles. Etamines hypogynes, nombre indéfini, libres, inégales, à filets jaune-verdâtres, anthères biloculaires. Pistil composé d'un ovaire sphérique uniloculaire, monosperme, surmonté d'un style cylindrique, terminé par un stigmate aplati, le fruit est une drupe sphérique qui sert de flambeau aux indigènes qui les enfilent les uns après les autres dans une baguette de bois qui sert de mèches. Ils obtiennent de cette façon d'excellentes torches qui leur servent à la pêche et aux différents usages de l'intérieur. Cependant cette industrie disparaît devant l'usage de plus en plus prononcé qu'il font de l'huile de schiste. Le bois de cet arbre est très beau, indestructible ; mais, d'un travail difficile, presque toutes les redoutes de l'occupation française (1843) sont construites avec cette essence. Les murs sont dégradés, les ferrures rouillées ; mais le tamanu est le même, il semble jeter au destin un défi et affirmer la puissance de la nature dans ses conceptions.

Mammea Americana.

Du latin *mamma*, mamelle : sans doute à cause de la forme du fruit. Arbres très grands, à fruits comestibles, de l'Amérique tropicale. Fleurs dépourvues de bractées à la base, calice à deux sépales égaux ; ovaire surmonté d'un style aigu ; fruit gros, charnu, terminé par un mamelon qui est la base épaissie du style.

L'espèce qui a été importée à Tahiti, *abricotier de Saint-Domingue*, semble ne pas trop se plaire du terroir, à cela se joint la difficulté de réunir les deux sexes, ce qui fait qu'en général les fruits ne nouent pas et tombent.

XVIII. — FAMILLE DES MALPIGHIACÉES.

Arbres et arbrisseaux à feuilles généralement opposées, munies de stipules ; fleurs régulières ; calice monosépale à 5 divisions, munies ordinairement de 2 glandes à la base de chacune d'elles ; 5 pétales denticulés pourvus d'un onglet ; étamines au nombre de 5, mais le plus souvent en nombre double de celui des pétales ; ovaire à 3 ou 2 loges, surmonté de 3 ou 2 styles distincts.

Famille de plantes dédiée à Malpighi, naturaliste de Pise, mort en 1694.

Malpighia Angustifolia.

Introduit en 1873 par M. R. Holozet. Cerisier des Antilles. Feuilles étroites, arbrisseau de 2 à 3 mètres ; feuilles linéaires, lancéolées, aiguës, luisantes en dessus, brunes et garnies d'épines fusiformes, jaunâtres, fixées par le milieu, fleurs pourpre pâle, en petits bouquets à l'aiselle des feuilles, fruit d'un beau rouge, pendant et imitant la cerise. Comestible.

M. Punicifolia.

Introduit par MM. Pinaudier et Butteaud. Même caractère que le précédent, avec cette différence cependant qu'il est *inermis* et que les feuilles sont plus grandes et moins lancéolées.

M. Robusta.

Introduit en 1882 par Mgr d'Axiéri, l'introduction est trop récente, pour pouvoir se prononcer sur les chances de son acclimatation.

XIX. — FAMILLE DES SAPINDACÉES.

Arbres et arbrisseaux ou herbes grimpantes, à feuilles alternes généralement composées, dépourvues de stipules, fleurs unisexuées ou hermaphrodites, à quatre ou cinq sépales ; quatre à cinq pétales, rarement nuls, insérés en dehors d'un disque charnu ; étamines double des pétales insérées en dedans du disque, ovaire à 3 loges, 3 styles, fruit drupacé ou capsulaire.

Cardiospermum Halicacatum.

Indigène. *Pois de merveille.*

Pometia Pinnata.

Indigène.

P. Ternata.

Indigène.

Schmidelia Cobbe ou S. Obovata.

Rama des indigènes. Fleurs en novembre.

Ratonia stipitata.

Aeae.

Nephelium longani.

Introduit par M. Bonard, cette plante fut prise pendant longtemps pour le *litchi*. Un pied existe au Gouvernement, mais n'a jamais fructifié.

Nephelium Litchi ou Euphoria Litchi.

Introduit par Ed. Butteaud, ces plants lui ont été envoyés de la Nouvelle-Calédonie par M. Rathuis, lieutenant de vaisseau, l'un d'eux a été planté au jardin du Gouvernement et les deux autres à Arue dans des altitudes et des terroirs différents.

XX. — FAMILLE DES MÉLIACÉES.

Arbres et arbrisseaux à feuilles alternes composées, sans stipules. Fleurs régulières, disposées en panicules très élégantes, ayant 3, 4 ou 5 sépales ; 3 ou 5 pétales ; des étamines en nombre double, de deux longueurs, soudées toutes ensemble en tube par les filets qui sont bifides ; un ovaire à plusieurs loges, style simple, fruit charnu ou capsulaire.

Melia Azedarach.

Cèdre blanc. Introduit en 1832 par le capitaine Wilson. Fleurs en septembre.

M. Sempervirens.

Lilas des Indes. Introduit par Bonard en 1852. D'octobre en décembre, fleurs nombreuses en panicules axillaires, très suaves.

XXI. — FAMILLE DES AMPÉLIDÉES.

Arbrisseaux généralement sarmenteux, grimpants à feuilles opposées ou alternes, simples ou composées. Fleurs très petites disposées en grappes paniculées opposées aux feuilles ; calice très petit à 4 ou 5 dents ; 4 ou 5 pétales libres insérés en dehors d'un disque hypogyne ; 4 ou 5 étamines ; ovaire à 2 loges ; baie globuleuse à maturité.

Vitis vinifera.

Espèces.

V. Italia.

Gros raisin blanc, introduit par Mgr d'Axiéri.

Isabella noir.

Introduction par M. Fabra.

Muscat blanc. Muscat noir. Tripoli noir. Hambro doré d'Alexandrie. Hermitage. Esphérione. Isabella rose. Schiraz. Gouas. Madera. Chasselas de Fontainebleau. Chasselas Vibert. Chasselas Musqué. Resling.

Cette espèce et les suivantes ont été introduites par Ed. Butteaud.

D'après la tradition, il semble que l'on doit attribuer aux missionnaires anglais l'honneur de l'introduction de la vigne à

Tahiti ; mais il faut croire qu'elle ne fut pas propagée et bien soignée, car lorsque les Français vinrent à Papeete ils ne retrouvèrent que quelques pieds rabougris. Plus tard Mgr d'Axiéri importa l'espèce *Italia* et enfin, par ses soins et ceux de M. F. Butteaud, docteur, on eut de beaux raisins. C'est en 1875 que Ed. Butteaud importa de la Nouvelle-Zélande les muscats dont la nomenclature est ci-dessus.

Vitis Opiman.

Introduite par M. Pinaudier.

V. Kowaury.

Introduite par M. Ed. Butteaud.

V. Katchehoury.

Ces trois variétés de vignes viennent de Kashmir (Asie) ; on doit, dit-on, les planter au pied des plus grands arbres et ne plus s'en occuper jusqu'au moment de la récolte ; elles élancent leurs branches jusque dans les cimes les plus élevées, et on peut en voir qui montent à 60 et 70 mètres de hauteur. Lorsque leur acclimatation sera un fait accompli, je crois que l'on pourra utiliser les vitiers pour leur servir de tuteurs.

Vitis Lecardis.

Vigne du Soudan, cinq pieds ont été introduits en 1882 par Ed. Butteaud. L'avenir fera connaître le résultat de ces tentatives.

XXII. — FAMILLE DES GÉRANIACÉES.

Herbes et arbrisseaux à tiges ordinairement noueuses ; portant des feuilles alternes ou opposées. Fleurs régulières ou irrégulières 5 sépales, 5 pétales ; 10 à 15 étamines monadelphes à la base, ovaire à 5 côtes, surmonté de cinq styles. Fruits à 5 coques qui se séparent de haut en bas.

Géraniums sanguinum, G. Capitatum, G. Zonale.

Les feuilles de cette espèce répandent une forte odeur de rose lorsqu'on les frôle.

XXIII. — FAMILLE DES TROPÉOLÉES.

Herbes ordinairement grimpantes à feuilles simples peltées, pétiolées, les inférieures opposées stipulées ; les supérieures alternes sans stipules ; fleurs irrégulières ; calice à deux lèvres prolongé inférieurement en éperon, 5 pétales insérés sur le calice, 8 étamines hypogynes ; ovaire à 2 ou 3 loges, surmonté d'un style trifide. Le fruit est composé de 2 ou 3 akènes.

Tropaeolum majus.

Introduit plusieurs fois à Tahiti et par des personnes différentes.

T. minus.

XXIV. — FAMILLE DES BALSAMINÉES

Herbes à feuilles opposées ou alternes ; fleurs irrégulières ayant un calice à 5 sépales inégaux, dont un beaucoup plus grand prolongé en éperon ; 5 pétales dont un plus grand ; 5 étamines, ovaire à 5 loges, stigmate sessile à 5 cobes ; fruit capsulaire s'ouvrant avec élasticité en 5 valves qui s'enroulent aussitôt sur elles-mêmes de bas en haut.

Balsamina Hortensia.

Cette belle plante existe depuis longtemps à Tahiti ainsi que la variété dite *Camellia.*

Elle fait graines et se reproduit aisément.

XXV. — FAMILLE DES OXALIDÉES.

Les plantes de cette famille sont des herbes à rhizome tuberculeux ; feuilles composées de 3 ou 5 folioles. Fleurs régulières à 5 sépales, 5 pétales et 10 étamines, ovaire à 5 loges, 5 styles. Le fruit est une capsule.

Oxalis corniculata ou reptans.

Indigène, vivace, gazonnant, fleurs en octobre, jaune d'or, en ombelle. Cette plante se rencontre partout. Les vallées humides sont surtout les endroits qu'elle préfère.

XXVI. — FAMILLE DES DIOSMÉES.

Plantes herbacées ou frutescentes, feuilles alternes et simples, sans stipules, fleurs parfaites, régulières en corymbe ou en grappe au sommet des rameaux, 3 à 4 sépales, pétales en nombre égal, étamines insérés sur les pétales en nombre double et quelquefois triple ; ovaires distincts au nombre de 3 à 5 ; styles soudés en un seul.

Melicope Ternata, Leguminosa, Auriculata. — Evodia Bracteata, E. Tahitensis.

XXVII. — FAMILLE DES CÉLASTRINÉES.

Cette famille comprend des arbrisseaux et des petits arbres à feuilles simples, alternes ou opposées, accompagnées de très petits stipules caduques. Les fleurs sont régulières, généralement hermaphrodites, composées d'un calice à 4 ou 5 divisions ; 4 à 5 pétales insérés sur un disque annulaire ; 4 ou 5 étamines, un ovaire à 2, 3 ou 5 loges, enfoncé dans le disque et surmonté d'un style court à plusieurs stigmates. Le fruit est de nature variable ; il contient des graines plus ou moins enveloppées d'un arille, et pourvues d'un épais albumen charnu.

Evonymus Japonicus.

Fusain, plante peu répandue ici. C'est en 1874 que son introduction fut faite par M. Girard, commandant des Établissements français de l'Océanie.

XXVIII. — FAMILLE DES ILICINÉES.

Comprend des arbrisseaux à feuilles alternes ou opposées, simples sans stipules. Les fleurs sont généralement hermaphrodites, régulières et présentant un calice à 5 ou 6 divisions ; une corolle monopétale ou 5, 6 pétales distincts ; 4 à 6 étamines ; un ovaire à 2 ou plusieurs loges, stigmates sessiles, fruit, baie ou drupe charnu.

Byronia tahitensis.

Mairai des indigènes, fleurs en septembre, octobre et novembre.

B.

PERIGYNES

Groupe de plantes dicotylédones dont les fleurs ont les pétales distincts, non soudés entre eux et les étamines insérés autour de l'ovaire.

I. — FAMILLE DES RHAMMÉES.

Cette famille comprend des arbres et des arbrisseaux, feuilles simples alternes et stipulées. Les fleurs sont très petites, hermaphrodites, composées d'un calice à 5 loges, libre ou adhérent à l'ovaire; 4 à 5 pétales insérés sur le calice, 4 à 5 étamines opposées aux pétales, ovaire libre entouré d'un disque, ou adhérent au calice, 4, 3 ou 2 loges et surmonté de styles en nombre égal à celui des loges. Fruit sec ou charnu.

Zizyphus vulgaris.

Jugubier. Introduit par M. Pinaudier, il n'en existe qu'un pied planté à Arue. N'a pas encore fructifié.

Rhamnus Zizyphoïdes.

Toï des indigènes, fleurit en janvier, février et mars, ses fruits murissent en août, septembre et octobre.

Colubrina Asiatiea.

Tutu des indigènes fleurit en janvier, février et mars, ses fruits mûrissent en août, septembre et octobre.

Hovenia dulcis.

Introduit en 1874 par M. Pinaudier, petit arbre à feuilles longuement pétiolées, acuminées cordiformes à la base, tomenteuses, puis glabres. Fleurs caduques. Ce sont les pédoncules qui prennent une consistance charnue et qui sont comestibles. On dit que leur saveur rappelle celle de la poire.

II. — FAMILLE DES TÉRÉBINTHACÉES.

Famille de plantes décotylédones polypétales périgynes, renfermant des arbres de première grandeur et des arbrisseaux, tous laiteux ou résineux, à feuilles alternes, généralement composées, sans stipules ; à fleurs hermaphrodites ou unisexuées, petites généralement disposées en grappes ; calice de 3 à 5 sépales réunies à leur base ; corolle manquant quelquefois, ou composé d'un nombre égal aux lobes du calice, régulière ; étamines le plus souvent en nombre égal ; pistil composé 3 à 5 carpelles, portant plusieurs styles ; fruits secs, drupacés ou contenant une ou plusieurs graines.

Mangifera indica.

L'Inde est son berceau. Grands arbres à feuilles simples et petites fleurs élégamment disposées en panicules au bout des rameaux. Le fruit est de grosseurs différentes. On a obtenu une quantité d'espèces et il ne faudrait pas chercher à établir des variétés, car là ou la mangue est belle son noyeau ne donnera pas les mêmes spécimens et on ne saurait trop recommander aux agriculteurs de greffer leurs sujets s'ils veulent obtenir de bons fruits. La greffe par approche est la meilleure. Les premiers manguiers ont été introduits par M. Bonard.

Anacardium occidentale ou cassuvium Pomiférum

Pommier d'acajou, introduit en 1875 par M. Goupil, fruit en forme de fève, le pédoncule se gonfle et forme une sorte de poire qui, aux Antilles, est très estimée dans le traitement de la dyssenterie. La fève, qui est le fruit proprement dit, fournit une huile inaltérable, employée en mécanique ; le suc du brou de cette amande combiné avec de la chaux sert à marquer le linge d'une manière indélébile.

Spondias Lutea.

Arbre dioique, peu répandu à cause de ce que les mâles sont trop éloignés des femelles, la fécondation ne se produit pas. Cependant on pourrait le propager par drageons et mettre ainsi les deux sexes en présence. Aux Antilles on lui donne le nom de prunier monbin.

Rhus Tahitensis.

Fleurit en février et mars, ses fruits mûrissent de juin à août. Les indigènes nomment cet arbre *Apape* et construisent avec son tronc des pirogues qui sont très estimées.

Spondias dulcis ou Pondea Cytherae.

Géant des forêts tahitiennes, perd ses feuilles en septembre, fleurit en octobre, moment ou ses jeunes pousses grandissent avec ses fruits. Cet arbre peut en quelque sorte être nommé le baromètre des vallées polynésiennes. En effet c'est lui qui indique au cultivateur le moment de tailler ses arbres ; aux chercheurs d'ignames le moment de se mettre en route, et aux pêcheurs celui de préparer leurs filets et autres engins de pêche, car le poisson arrive. Ses fruits sont délicieux, et peuvent être mangés impunément à quelques moments du jour ; ils fournissent également, une eau-de-vie excellente rappelant le Kirsch-Wasser. La fermentation pure et simple donne aussi un vin que l'Administration du pays s'est vue dans l'obligation d'interdire souvent.

III. — FAMILLE DES CONNARACÉES.

Plantes dicotylédones polypétales. Arbres ou arbrisseaux, à feuilles alternes, composées d'une ou deux paires de folioles, coriaces, à fleurs en grappes ou panicules, calice quinquéparti, corolle à 5 pétales, étamines en nombre double ; pistil à 5 ovaires.

Suriana Maritima.

Ouru des indigènes, croît sur les plages sablonneuses.

IV. — FAMILLE DES LÉGUMINEUSES.

Grande famille qui comprend des arbres, des arbrisseaux et des herbes, à feuilles alternes généralement composées et accompagnées de stipules. Les fleurs sont irrégulières, quelquefois régulières, composées d'un calice monosépale à divisions généralement inégales ; la carolle est le plus souvent à 5 pétales inégaux, dont un supérieur nommé étendard, deux latéraux ou ailes, et deux inférieurs souvent soudés par un des bords et constituant la carène ; quelquefois les pétales sont égaux. Les étamines sont au nombre de 10, tantôt distinctes, tantôt toutes soudées par les filets ou 9 soudées et 1 distincte. Les étamines sont des fois double ou triple du nombre des pétales. L'ovaire est unique, uniloculaire ou partagé en loges superposées ; gousse à maturité.

Cette famille sera divisée en 3 grandes tribus :

1re tribu. — Papilionacées.

Sophora Tomensa.

Pofatuaoao des indigènes.

Indigofera Tinctoria.

Indigo.

Galega littoralis.

Tephrosia Piscatoria.

Hora.

Heterocarpum.

Arachis Hypogea.

Arachide.

Erythrina indica ou corallodendron.

Atae des indigènes.

E. Tahitensis.

Oporovainui.

E. Ternata.

Introduit depuis de lognues années.

Phaseolus Amœnus.

Introduits depuis de longues années.

Dolichos Luteolus.

Cajanus flavus.

Pois d'Angole, introduit en 1843.

Canavalia obtusifolia.

Tutui-Foraoa.

C. Turgida.

Pipi.

Desmodium polycarpum.

Tiapipi.

Mucuma Gigantea.

Tutaepuoa.

Vigna Lutea.

Pipi.

Abrus Precatorius.

Pilipitioo.

Agaty Tomentosa ou coccinea.

Ofai. Kafai des Tuamotu.

A. Æschynomene grandiflora.

Importé *Agaty sesbania* de Lamarck.

2ᵉ tribu. — Césalpinées.

Ce genre comprend des arbres et des herbes qui se distinguent des Papilionacées : par la corolle irrégulière, mais non papilionacée, à pétales onguiculés inégaux, et par les étamines inégales, distinctes, au nombre de 10 ou en nombre indéfini.

Guilandina Bonducella.

Tatara Moa indigène.

Cassia Gaudichaudii.

Paoratuumato.

Tamarindus Indica.

Introduit, dit-on, par Cook en 1769.

Bauhinia Tomentosa.

Introduit par M. Johnstone en 1845.

Bauhinia Parvifolia.

Introduit par M. Gooding.

Ceratonia Siliqua.

Introduit par M. Pinaudier en 1881.

Hymenea Courbaril.

Introduit en 1820, fleurs en mai et octobre, fruits en avril et août.

Robinia Pseudo acacia.

Introduit, en 1877, par Ed. Butteaud.

3e tribu. — Mimosées.

Arbres et arbrisseaux à feuilles tantôt simples nommées phyllodes, tantôt composées-pennées. Fleurs régulières à 4 ou 5 sépales ; 4 ou 5 pétales égaux ; étamines en nombre indéfini, ou égal à celui des pétales.

Mimosa pudica.

Introduit par M. Johnstone en 1845, cette plante est très envahissante, et c'est avec peine que l'on peut en débarasser les prairies.

M. Glaudulosa ou Serianthes Myriadenia.

Faifai des indigènes.

Acacia Insularum.

Taroire des indigènes.

A. Myriadena.

Taroire.

A. Farnesiana.

Cassie.

Algarobia ou Prosopis.

On dit qu'en faisant fermenter les fruits avec mélange d'eau, on obtient à la distillation une boisson nommée *Chico* dans l'Amérique du Sud.

V. — FAMILLE DES ROSACÉES.

Famille comprenant des arbres, arbustres et herbes à feuilles alternes, stipulées, simples ou composées. Les fleurs régulières, ont un calice à 5 sépales plus ou moins soudés ; 5 pétales, des étamines nombreuses, insérées sur le calice. L'ovaire est variable, il est supère dans les amygdalées, infère dans les pomacées, nombreux dans les rosées, fruit différent aussi dans ces trois sous-familles.

1re tribu. — Amygdalées.

Amygdalus communis.

Amandier introduit par M. Goupil et par M. Ed. Butteaud. Jusqu'à présent cet arbre n'a pas donné de fruit.

Prunus.

Introduit par M. Goupil.

P. Armeniaca.

Abricotier introduit par M. Goupil.

Amygdalus Persica.

Le pêcher a depuis très longtemps été introduit à Tahiti, mais jusqu'à présent il n'avait pas fructifié. Ce n'est qu'en 1877, que M. Armand, commissaire de la marine, envoya à M. Adams des noyaux de pêchers de la Nouvelle-Calédonie ; ceux-ci, plantés à Farepiti, au bout de deux années rapportèrent quelques pêches. Ce succès engagea ensuite plusieurs personnes à imiter M. Adams, et enfin en 1880, 81 et 82, le comité central d'agriculture distribua des pieds qui étaient envoyés par l'Administration de la Nouvelle-Calédonie.

2e tribu. — Rosées.

Sous-famille renfermant des arbrisseaux et sous-arbrisseaux à feuilles généralement composées, munies de stipules adhérentes au pétiole, fleurs renfermant, sur un réceptacle saillant ou dans le calice, plusieurs ovaires distincts entre eux.

Rosa Bengalensis.

Rosier du Bengale.

R. Portlandica.

Rosier des quatre saisons.

R. Muscosa.

Rosier mousse, introduit par M. Robin.

R. Burgundiaca.

Rose pompon ou mignonne.

R. Bipinnata ou Crispa.

Rosier crépu, introduit par Mme Forster.

R. Sulfurea.

Rosier jaune.

Kerryca Japonica.

Croît assez bien à Tahiti, introduit par Mme Robin.

Fragaria Chilensis.

Introduit par M. Johnstone.

F. Victoria Trollops.

Introduit par M. Ed. Butteaud.

F. Morère.

Les fraisiers prospèrent assez bien à Tahiti, mais malheureusement les fruits sont dévorés à la maturité par une chenille dite « chinoise » qui est parvenue à Tahiti avec les fumiers des bœufs introduits des iles Sandwich.

Rubus.

Framboisier, introduit à différentes reprises par plusieurs personnes, jusqu'à présent on n'a pas obtenu de résultats certains.

3e tribu. — Pomacées.

Arbres et arbrisseaux à feuilles alternes, simples, rarement composées. Fleurs régulières ; calice à 5 dents ; 5 pétales ; étamines indéfinies ; ovaire infère, ordinairement à 5 loges, 5 styles, fruit charnu.

Eriobothrya japonica.

Néflier du Japon, *Bibacier*, introduit en 1830 par les missionnaires anglais.

Malus.

Introduit déjà à Tahiti par plusieurs personnes et notamment en 1876 par M. Goupil ; un des pieds plantés chez lui a même fructifié et les produits étaient très beaux (ce pommier provenait de Californie).

Cydonia sinensis.

Arbrisseau atteignant 3 ou 4 mètres à rameaux dressés, feuilles ovales acuminées. Introduit en 1880 par M. Pinaudier, on prétend que ce cognassier donne d'excellents fruits.

VI. — FAMILLE DES COMBRÉTACÉES.

Arbres et arbrisseaux à feuilles alternes ou opposées, non stipulées, fleurs en épis, calice adhérent à l'ovaire ; corolle nulle ou composée, 4 à 5 sépales ; et même nombre de pétales insérés sur le calice ; étamines en nombre égal ou double, périgynes, ovaire uniloculaire surmonté d'un style. Le fruit est une drupe ou une baie.

Terminalia Glabra.

Nommé *Autaraa* ou *Taraire* par les indigènes, les fruits sont comestibles.

T. Catalpa.

Variété du précédent, mêmes usages.

VII. — FAMILLE DES RHIZOPHORÉES.

Arbres à feuilles opposées, simples, munies de stipules interpétiolaires. Calice adhérent à l'ovaire à limbe partagé en 4 ou 5 divisions persistantes. Corole à 4 ou 5 pétales, 8 ou 15 étamines. Ovaire infère ou demi-infère, à 2 loges contenant chacune deux ou un plus grand nombre d'ovules pendants. Style simple, surmonté d'un stigmate biparti. Fruit uniloculaire monosperme et indéhiscent, coriace, couronné au sommet par le calice.

Crossastylés Biflora.

Mori des indigènes.

VIII. — FAMILLE DES SALICARIÉES.

Arbrisseaux ou herbes à feuilles opposées, quelquefois alternes, non stipulées. Fleurs régulières ou irrégulières, calice monosépale libre, découpé au sommet en plusieurs lobes, pétales et étamines insérés au sommet du tube du calice ; ovaire unique à plusieurs loges, style simple terminé par un stigmate renflé. Le fruit est une capsule à 2 loges.

Pemphis Acidula.

Aie des indigènes, ne se trouve plus qu'aux Tuamotu, à Moorea et sur les îlots madréporiques.

Lagerstrœmia reginae.

Arbrisseaux pouvant atteindre cinq à six mètres, fleurs en panicules terminales, très abondantes. Cette plante magnifique fleurit presque toute l'année.

IX. — FAMILLE DES MELASTOMACÉES.

Arbres, arbrisseaux, quelquefois herbes à feuilles opposées, sans stipules, simples et parcourues longitudinalement par plusieurs nervures principales parallèles. Fleurs régulières, diversement disposées sur les rameaux, calice adhérent à l'ovaire, à 4 ou 5 lobes, pétales en nombre égal à celui des lobes, étamines en nombre double, à anthères s'ouvrant le plus souvent par des pores au sommet, ovaire infère à plusieurs loges, style simple. Fruit capsulaire ou bacciforme.

Mélastoma Denticulatum.

Indigène.

M. Glabrum.

M. Tahitense.

Nommé *Motuu* par les indigènes, ces baies servaient à teindre en noir les étoffes faites avec les écorces d'arbres. Fleurs en octobre et novembre.

X. — FAMILLE DES MYRTACÉES.

Arbres et arbrisseaux à feuilles simples ordinairement ponctuées, opposées, sans stipules. Fleurs régulières diversement disposées, calice adhérent à l'ovaire, à 4 ou 5 lobes; pétales en même nombres; étamines ordinairement indéfinies insérées tout autour du pistil; style simple terminé par un stigmate entier. Fruit sec ou charnu.

1° Melaleuca Œstuosa ou Metrosideros Collina; 2° M. Glaberrima; 3° Metrosideros Villosa; 4° M. Vitiensis.

Ces quatre espèces de Métrosideros croissent sur les collines. Ils sont sans emploi dans les usages tahitiens, ce sont des arbres et arbrisseaux à feuilles planes, alternes ou opposées. Fleurs sessiles, en épis allongés ou globuleux, et d'un rouge éclatant.

Decaspermum Fruticosum.

Eucalyptus Globulus.

Blue gum tree des Australiens, arbre trop connu pour être décrit. — Cette espèce ne semble pas se plaire dans le sol tahitien.

Psidium Piriferum.

Introduit, en 1815, par M. Bicknell, fleurit en octobre et novembre, mûrit ses fruits en février-mars.

P. Microphyllum.

Introduit, en 1850, par M. Bonard.

P. Oligospermum.

Introduit, en 1845, par M. Johnstone.

P. Cattleyanum ou Sinensis.

Goyavier de Chine, mûrit ses fruits en août et en février. Introduit par M. Johnstone.

Arbres à feuilles opposées. Fleurs solitaires ou en petites cimes, calice à 4 ou 5 lobes, autant de pétales; étamines en nombre indéfini distinctes, ovaire infère à 4 ou 5 loges.

Le goyavier a envahi d'une façon extraordinaire tous les terrains tahitiens, mais loin d'avoir comme le disent certaines personnes, enlevé de la valeur à certaines terres, nous croyons au contraire que cet arbre a augmenté le prix des propriétés, parce qu'avec son bois on fait du charbon et du combustible et il est certain que la vente de ces objets paie les frais de déboisement.

Jossinia Catinifolia.

Indigène.

Eugenia Michelii ou Ugni.

Introduit, en 1848, par M. Johnstone. Cerisier de Cayenne, fruits en novembre et février.

E. Jambosa Vulgaris.

Arbre de grandeur moyenne, feuilles opposées, étroitement lancéolées, luisantes coriaces, fleurs blanches en panicules terminales formant des aigrettes; fruit globuleux, répandant une odeur de rose.

E. Mallaccensis.

Pomme tahitienne, mêmes carractères que le précédent, croît dans toutes les vallées, le fruit est très aqueux il existe deux variétés bien tranchées celle à fruits rouges et celle à fruits blancs. Les indigènes se servent aussi des feuilles pour faire des infusions dans le traitement des blennorrhagies et des plaies.

Eugenia Pimenta ou Myrtus Pimenta.

Arbre très ornemental introduit par M. Bonard, cultivé à cause de son utilité, remplace le laurier-sauce dans les diverses préparations culinaires, fleurit en septembre et octobre.

Barringtonia Speciosa.

Arbre a rameaux étalés, feuilles très grandes, cunéaires oblongues, obtuses d'un vert luisant et à nervures rougeâtres, fleurs en forme d'aigrette, étamines nombreuses, blanches à la base, connées au sommet ; fruit ligneux à 4 angles. Les indigènes avant la maturité dudit fruit s'en servent, après l'avoir rapé, pour étourdir et même empoisonner les poissons sur les récifs. Ceux-ci sont tout de même comestibles; mais c'est une pratique funeste qui devrait être interdite parce que le petit comme le gros poisson est atteint sans aucun profit pour l'alimentation.

Syzygium Jambolanum.

Introduit par Ed. Butteaud, en 1880, fruit de l'île de la Réunion, n'a pas encore fructifié à Tahiti.

XI. — FAMILLE DES GRANATÉES.

Famille créée que pour le genre Punica ne diffère de celle des Myrtacées, que parce que l'ovaire offre plusieurs séries superposées de loges.

Punica granatum

Grenadier à fleurs, n'est pas très répandu à Tahiti. Fruit en décembre-janvier.

P. — Flore Pleno.

Grenadier à fleurs, variété du précédent. Ces espèces ont été introduites, la première par M. Bonard en 1850 et la seconde en 1845 par M. Bidwill.

XII. — FAMILLE DES CUCURBITACÉES.

Plantes dioïques ou monoïques, rampantes ou grimpantes pourvues de vrilles opposées aux feuilles qui sont alternes, pétiolées. Fleurs régulières, axillaires, solitaires ou fasciculées ; calice monosépale à 5 lobes, 5 pétales distincts, ou corolle monopétale, insérés sur le tube calicinal ; les fleurs mâles à 5, 3 ou 2 étamines, ou distinctes, monadelphes ou diadelphes, insérées à la base de la corolle ou au fond du tube du calice ; anthères à 1 ou 2 loges, fleurs femelles à ovaire infère, style court, 3 ou 5 stigmates, fruit charnu.

Bryonia Johnstonii.

Indigène.

Cucurbita Lagenaria.

Gourde.

C. Pepo.

Giraumon plusieurs variétés existent à Tahiti.

Cucumis Melo.

Melon — on ne peut pas décrire d'une façon certaine toutes les variétés qui existent à Tahiti.

C. Sativus.

Concombre.

Cucurbita Citrullus.

Pastèque — très répandu aux Iles de la Société.

C. Multiflora.

Aroro des indigènes, qui se servaient de ses fruits pour contenir les parfums, petite gourde de la grosseur d'une orange.

Luffa Insularum.

Atinaea.

Kariiwia Samoensis.

Huehue.

Cucumis acutangulus.

Introduit par M. Rathuis en 1871. Ce fruit porte le nom de Pipangai à Bourbon.

XIII. — FAMILLE DES BÉGONIACÉES.

Plantes herbacées, monoïques à tiges charnues souvent articulées. Fleurs alternes, épaisses, stipulées, inégalement partagées par la nervure médiane, ayant toujours un côté plus large que l'autre. Fleurs unisexuées en cimes axillaires, longuement pédonculées ; les mâles à 4 sépales colorés, point de pétales ; étamines nombreuses, les femelles à ovaire infère, 3 loges, couronné par 4 ou 9 sépales colorés, disposés sur plusieurs rangs ; trois styles courts bifides, stigmates épaissis. Fruit capsulaire.

Begonia Rex.

Importé par le commandant Girard.

XIV. — FAMILLE DES PASSIFLORÉES.

Sous-arbrisseaux, à tiges grimpantes pourvues de vrilles situées à l'aiselle des feuilles ; feuilles alternes munies de stipules. Fleurs régulières axillaires, rarement en grappes, accompagnées d'un involucre ; calice monosépale à 4 ou 5 divisions colorées intérieurement ; corolle à 4 ou 5 pétales ; pourtour intérieur de la fleur garni de nombreux filets, formant une sorte de couronne ; 4 ou 5 étamines insérées au fond du calice, ovaire à une seule loge contenant de nombreux ovules fixés à 3 placentas pariétaux, cet ovaire est surmonté de trois styles à stigmate capité en forme de clou. Fruit charnu.

Passiflora quadrangularis.

Magnifique liane à tiges très grosses, feuilles grandes, ovales cordiformes ; fleurs solitaires, odorantes, fruits énormes et comestibles.

P. Edulis.

Fruit en décembre, feuilles glabres souvent gaufrées à 3 lobes dentelés ; Fleurs blanches, fruit de la grosseur d'un œuf de poule devenant violet en mûrissant, très agréable au goût.

P. Cærulea.

Fleur de la Passion, plante d'une grande vigueur, feuilles palmées à 5 lobes, fleurs en grande quantité ; jusqu'à présent on n'a pas obtenu de fruits.

P. Incarnata. — P. Napoleonis.

Introduit, en 1855, par Mgr d'Axiéri.

P. Hamiltoniana.

Introduit par M. Johnstone en 1845.

XV. — FAMILLE DES PORTULACÉES.

Herbes, de consistance charnue grasse, à feuilles alternes pourvues quelquefois de petites stipules. Fleurs régulières, accompagnées parfois de bractéoles ; calice persitant à 5 sépales, ou monosépale à 2 ou 5 lobes ; 4 à 6 pétales, quelquefois nuls ; étamines en nombre défini variable, ou indéfini ; ovaire supère à 1 ou 8 loges, entouré d'un disque ; style simple ou à 8 loges terminé chacun par un stigmate capité. Fruit sec à 1 ou 8 loges

Portulaca Oleracea.

P. Lutea.

Aturi des indigènes.

Talinum Crassifolium.

T. Flavum.

XVI. — FAMILLE DES CACTÉES.

Plantes généralement dépourvues de feuilles, à tiges très épaisses charnues, de forme très variable, planes ou anguleuses, armées d'épines plus ou moins nombreuses, solitaires ou réunies plusieurs en faisceaux, et naissant d'un point duveteux nommé aréole. Fleurs solitaires, souvent tubuleuses au-dessus, à tubes écailleux ou garnis d'aiguillons, rarement entièrement lisses ; pétales et sépales très nombreux se confondant entre eux par la forme et le coloris ; étamines en nombre indéfini à filets très longs, insérées à la base du calice ; ovaire infère, uniloculaire à plusieurs placentas pariétaux surmonté d'un style long et filiforme terminé par plusieurs stigmates linéaires rayonnants. Fruit charnu pulpeux à plusieurs graines.

Opuntia ficus indica.

Figuier de Barbarie, fleurs en mars et avril. Introduit d'abord par M. Bonard et ensuite par M. Pinaudier.

Peireskia aculeata.

Groseiller des Barbades. Introduit en 1850 par M. Vincent capitaine de frégate.

Cereus peruvianus.

Cierge du Pérou. Introduit en 1845 par M. Johnstone, fleurs en décembre.

Epiphyllum violaceum.

E. Coccinea.

Introduit, en 1872, par M. Girard, fleurs en août, juillet et juin.

Cactus melocactus.

Cactier melocacte ou melon épineux introduit en 1878 par M. Gentil.

XVII. — FAMILLE DES SAXIFRAGINÉES.

Herbes et sous-arbrisseaux ; rarement arbres, à feuilles très variables dépourvues ou pourvues de stipules. Fleurs régulières en cimes, en grappes ou en corymbes ; calice plus ou moins adhérent à l'ovaire, à 4 ou 5 sépales autant de pétales ; étamines 10 ou 8 rarement en nombre indéfini, insérées sur le calice ; ovaire à 1 ou 2 loges, rarement plus, surmonté d'autant de styles distincts. Fruits capsulaires.

Leiospermum parviflora ou Weinmannia parviflora.

Arbrisseau indigène à feuilles opposées simples ou composées pourvues de stipules interpétiolaires. Fleurs en grappes en octobre et novembre.

Hydrangea japonica.

Les Hortensia ont été importés depuis de longues années. Il en existe des pieds chez MM. Robin et Butteaud.

XVIII. — FAMILLE DES PAPAYACÉES.

Genre de plantes dicotylédones, voisine des cucurbitacées renferme des arbres lactescents, à tige simple portant un bouquet de grandes feuilles longuement pétiolées au sommet ; ses feuilles sont palmées et dépourvues de stipules. Les fleurs sont monoïques ou dioïques. Dans les fleurs mâles, le calice est petit à 5 dents la corolle est gamopétale, longuement tubuleuse à 5 lobes réfléchis ; 10 étamines insérées à la gorge de la corolle, filets monadelphes par leur base, et anthères adnées à la face interne des filets ; les fleurs femelles offrent un calice plane à 5 dents ; corolle à 5 pétales ovaire libre, style court terminé par 5 stigmates. Le fruit a la grosseur d'un melon.

Carica papaya.

Cette plante est d'introduction ancienne elle existait à Tahiti avant le Protectorat. Le tronc et les feuilles renferment un suc laiteux, amer, qui mêlé avec de l'eau est employé à faire mariner les viandes coriaces, qui se ramollissent très promptement.

XIX. — FAMILLE DES ARALIACÉES.

Arbres et arbrisseaux, rarement herbes, à feuilles simples ou composées, alternes ou opposées, dépourvues de stipules; ils ne diffèrent des ombellifères que par l'ovaire à 2 ou à un plus grand nombre de loges; par le nombre de styles égal à celui des loges de l'ovaire, et par le fruit qui est bacciforme.

Botryodendrum Tahitense ou Meryta Lanceolata (de Forster).

Ofe para des indigènes, fleurit en juin et juillet.

Panax Tahitense.

Apape monoi fleurs en juillet et août.

Reynoldsia Tahitense.

Vipe fleurs en octobre.

XX. — FAMILLE DES OMBELLIFÈRES.

Plantes herbacées, exceptionnellement ligneuses, exhalant généralement une odeur vireuse ou aromatique, à feuilles quelquefois très amples, le plus souvent très profondément décomposées rarement simples. Fleurs simples disposées en ombelles, calice adhérent à l'ovaire, entier ou à cinq dents ; 5 pétales et 5 étamines insérés sur un disque qui couronne l'ovaire ; ovaire infère à 2 loges, surmonté de 2 styles persistants. Fruits composés de 2 akènes qui se séparent à la maturité.

Daucus.

Fenouil nommé par les indigènes *taretare.*

Apium Graveolens.

Céleri.

Petroselinum sativum.

Persil.

Daucus carota.

Carrottes.

Scandix cerefolium.

Cerfeuil.

On ne peut guère bien déterminer par qui ces légumes furent importés ; mais il est certain qu'en 1850, M. Bonard par ordre du gouvernement métropolitain, fit faire une distributiou de graines aux colons.

XXI. — FAMILLE DES LORANTHACÉES.

Plantes vivaces, généralement parasites, à tige ligneuse ramifiée. Feuilles opposées persistantes, sans stipules. Fleurs généralement hermaphrodites, quelquefois dioïques, diversement disposées. Calice entier accompagné de bractées. Corolle à 4 ou 8 divisions insérées sur le sommet de l'ovaire. Etamines en nombre égal et opposées aux divisions de la carolle. Ovaire infère, couronné par un disque épigyne. Style simple, fruit charnu à pulpe épaisse contenant une seule graine.

Viscum articulatum.

Paifee des indigènes, fleurit tout l'année.

V. Salicornëoides. — Opuntioïdes.

Variété du précédent.

Dendrophthoë forsterianus.

Upaupatumuore ou *tutæpupa*, fleurs en août.

§ II.

MONOPÉTALES

Plantes portant des fleurs à corolle d'une seule pièce, c'est-à-dire dont les pétales sont plus ou moins longuement soudés entre eux.

I. — FAMILLE DES CAPRIFOLIACÉES.

Arbrisseaux à feuilles opposées entières, ou plus ou moins profondément découpées avec ou sans stipules. Fleurs régulières ou irrégulières; calice à 5 dents; corolle monopétale à 5 divisions; 5 étamines: ovaire à 2 ou 5 loges, surmonté d'un style ou de 2 à 5 stigmates sessiles. Fruit charnu à plusieurs graines pourvu d'un albumen charnu

Lonicera japonica.

Introduit par M. Bonard, chèvrefeuille du Japon. Tiges volúbiles atteignant 5 à 6 mètres, feuilles ovales-pointues velues. Fleurs réunies deux ensemble passant du blanc au jaune, odeur très suave.

II. — FAMILLE DES RUBIACÉES.

Arbres, arbrisseaux et herbes à feuilles simples, opposées et munies de 2 stipules interpétiolaires qui, parfois, prennent les formes des feuilles, ce qui donne alors une disposition verticillée. Fleurs régulières diversement groupées, calice à 2 ou 6 dents; corolle monopétale insérée sur le calice au sommet de l'ovaire, à 4 ou 6 lobes; étamines en nombre égal à celui des lobes de la corolle; ovaire infère généralement à 2 loges. Fruit de consistance variable.

Nauclea rotundifolia ou Orientalis.

Mara des indigène. Ils font avec son bois des pirogues ; anciennement les métiers et les battes pour la fabrication des étoffes d'écorces étaient construits en Mara ; on dit aussi qu'il est excellent pour les travaux hydrauliques.

Mussænda Frondosa.

Introduit, en 1845, par M. Johnstone.

Gardenia Florida. — Fortunei

Introduit par M. Bonard ; ces deux variétés croissent très bien ici, et fleurissent abondamment des mois d'octobre à février.

G. Tahitensis.

Variété indigène, pouvant atteindre 4 à 5 mètres de hauteur ; fleurs presque toute l'année ; mais en profusion de septembre à avril. Cet arbre est en vénération chez les indigènes. Ils se servent de ses feuilles et de ses fleurs comme remèdes contre les plaies, des fleurs pour parfumer leurs huiles, et l'écorce entrait dans la préparation des philtres des prêtres. Une chose qui est à remarquer c'est que cet arbre n'a aucune fructification ; or on se demande comment certaines iles basses comme Tetiaroa, etc., en sont couvertes puisqu'il ne peut pas se propager de drageons et prend difficilement par boutures. C'est encore là un mystère de la nature.

Morinda citrifolia.

Nono des indigènes. Arbrisseau. Les fruits sont employés par les indigènes contre la piqûre des guêpes et de certains poissons, sous forme de cataplasmes. La racine donne une teinture jaune, très belle.

Morinda umbellata.

Tafifi.

Guettarda speciosa ou tahitensis.

Tafano. Arbre de première grandeur, fleurs très suaves à parfum fugace.

Chiococca Barbata.

Toroea. Arbrisseau, fruit ressemblant à celui du café, sert de nourriture aux tourterelles.

Psycothria speciosa ou tahitensis.

Indigène. Petite plante qui tapisse le fond des vallées et croît sous les grands arbres ; elle est d'un effet admirable lors de la maturité de ses petits fruits écarlates. Fleurs en octobre (tohetupu).

Geophila reniformis.

Coprosma tahitensis.

Stylocaryne sambucina.

Manono, fleurs en novembre.

Ixora fragans.

Cauthium lucidum.

Hitoa des indigènes, fleurs en août, septembre et octobre, très suaves.

Psychotria asiatica.

P. Cernua.

Coffea arabica.

Caféier, de Caffa, province d'Afrique. Cet arbrisseau est trop connu pour chercher à le décrire. Sa culture dans les Iles de la Société a été longtemps soutenu par le gouvernement qui a fait tout pour l'étendre : des encouragements, des primes payées par chaque pied planté, n'ont pu surmonter la déplorable apathie des gens de ce pays ; et cependant, d'après l'avis d'experts en la matière, le café de Tahiti est excellent, le terrain lui a donné un goût spécial et ces considérations ont amené le comité central d'agriculture à en préconiser la culture.

III. — FAMILLE DES COMPOSÉES.

Cette grande famille comprend des herbes, des arbrisseaux et des arbres très reconnaissables par les étamines dont les anthères sont soudées en tube, et par la disposition de leurs fleurs en capitules munis d'un involucre commun, ce qui donne à cet ensemble de fleurs l'apparence d'une fleur unique d'où le nom de composées donné à cette famille. Chaque fleur a un ovaire infère, supportant un calice composé de poils roides ou de dents ; la corolle est ou tubuleuse à 4 ou 5 dents, ou bien fendue dans toute sa longueur et étalée, ressemblant alors à un simple pétale ; style à 2 branches. Le fruit est un akène.

1re tribu. — Radiées ou corymbifères.

Adenostemma Viscosum.

Vaianu des indigènes, fleurit toute l'année et surtout en décembre. Cette plante entre en grande partie dans la composition des remèdes indigènes.

Siegesbeckia orientalis.

Nommé par les Tahitiens *Amia ;* ceux-ci se servent des sommités fleuries pour aromatiser leurs huiles.

Myriogyne Minuta.

Indigène, sans intérêt.

Dichrocephala latifolia.

Taatahiara, fleurit toute l'année.

Bidens Paniculata.

Piripiri, plante très estimée des bestiaux, sans intérêt, a cependant l'inconvénient de s'accrocher aux vêtements.

Aster Sinensis.

Reine-marguerite. Cette plante ne prospère pas beaucoup à Tahiti. Les graines importées germent bien.

Erigeron chilensis.

Croît dans les terrains incultes. Les semences ont dû être introduites avec les blés ou orges du Chili.

Bellis perennis.

Pâquerette des jardins. Cette plante n'est que depuis peu introduite à Tahiti.

Artemisia absinthium. — A. Pontica.

Cette plante croît très bien à Tahiti ; il y aurait peut-être profit à tirer de cette circonstance.

Dahlia variabilis.

Racines tuberculeuses qui ne se multiplie pas très bien malgré tous les soins que l'on y apporte.

Zinnia?

Se reproduisent très bien et restent très doubles.

Fitchia nutans.

Anei, — cette composée, ainsi que la suivante, offre ce caractère étrange qu'elle est arborescente, le bois en est très dur, et les feuilles répandent une odeur aromatique très forte et avec ces feuilles les indigènes confectionnent une huile très estimée.

F. — Tahitensis.

Toromeho, sert aux mêmes usages que le fitchia nutans.

Helianthus annuus.

Soleils ou tournesol.

Tagetes lucida.

Gaillardia drumondii.

Œillet d'Inde.

Anthemis nobilis.

Camomille, peu répandue.

Chrysanthemum.

Diverses variétés existent dans les jardins tahitiens.

Artemisia?

Peu répandu dans le pays.

Helichrysum bracteatum.

Immortelle. Différentes variétés.

Tribu des chicoracées.

Sonchus?

Cette plante a envahi tous les champs de coton notamment. Les bestiaux en font volontiers leur nourriture.

Lactuca sativa.

Laitue. Différentes variétés.

Cichorium Intybus.

Chicorée sauvage, cultivée etc.

IV. FAMILLE DES LOBÉLIACÉES.

Herbes et arbrisseaux à suc laiteux, feuilles alternes sans stipules. Fleurs réunies en grappes ou en capitules, calice adhérent à l'ovaire ; 5 lobes égaux ; corolle monopétale irrégulière ; étamines soudées par les anthères en un tube souvent poilu au sommet, ovaire infère à 1 ou 2 loges surmonté d'un style simple. Fruit capsulaire ou charnu à graines nombreuses.

Lobelia arborea.

Fleurs par deux ou trois ; corolle à tube droit, fendu longitudinalement dans sa partie supérieure, à 2 lèvres, la supérieure plus courte et l'inférieure large étalée à 3 lobes. Cette fleur est très estimée des Tahitiens, elle figure dans leurs chants et dans leurs traditions mythologiques. Ils prétendent même que lorsqu'elle s'épanouit le soir, une petite détonation se fait entendre, et c'est pour eux le murmure d'une âme emprisonnée dans la corolle, qui se plaint des tourments qu'elle endure.

V. — FAMILLE DES GOODÉNIACÉES.

Herbes et sous-arbrisseaux à feuilles alternes sans stipules, fleurs irrégulières ; calice libre ou adhérent à l'ovaire ; corolle monopétale insérée sur le calice, à tube fendu ou à 5 lobes inégaux ; 5 étamines ; ovaire supère ou infère à 1 seule loge, ou 2-4 loges incomplètes. Fruit charnu ou sec.

Scævola Kœnigii.

Indigène.

S. Sericea.

Indigène *Naupauta*.

VI. — FAMILLE DES VACCINIÉES

Arbrisseaux à feuilles alternes ; fleurs solitaires ou disposées en grappes ; calice soudé à l'ovaire, à 4, 5 ou 6 dents ; corolle monopétale, insérée sur un disque au sommet de l'ovaire à 4, 5 ou 6 lobes ; étamines en nombre double de celui des lobes de la corolle, insérées sur le disque qui couronne l'ovaire ; ovaire infère à plusieurs loges. Fruit charnu.

Vaccinium cereum.

Opuopu des indigènes.

VII. — FAMILLE DES SAPOTACÉES.

Plantes dicotylédones monopétales hypogynes, comprenant des arbres et des arbrisseaux tous exotiques. Ces végétaux sont remplies d'un suc lactescent vénéneux. Feuilles alternes, sans stipules, coriaces, très entières, fleurs portées sur des pédoncules à corolle monopétale hypogyne divisée en plusieurs lobes ; étamines en nombre variable et attachées au tube de la corolle, fruit de diverses natures.

Sapota achras.

Bel arbre à rameaux couverts d'une écorce fauve, laissant exsuder un suc blanc très visqueux, qu'on emploie comme fébrifuge. Le suc se condense à l'air, et devient une résine qui répand en brûlant une agréable odeur. Les feuilles sont d'un vert luisant en dessus; larges, épaisses, longues, pointues aux extrémités, très veinées et disposées par bouquets à la sommité des rameaux. Le fruit est une pomme ovale à peau brune à chair succulente, fondante et sucrée. On dit que les amandes de ses pépins donnent avec l'eau une émulsion qu'on administre contre les rétentions d'urine et les coliques. C'est l'amiral Hamelin qui a introduit, en 1846, ce précieux arbre.

Mimusops dissecta.

Arbre indigène de 10 à 15 mètres de hauteur, fleurit en juin et août.

Lucuma obovata.

Introduit, en 1850, par Mgr d'Axiéri.

Chrysophyllum caïnito.

Caïnitier introduit, en 1852, par M. Bruat, fruit en avril-mai.

Inocarpus edulis.

Mapé des indigènes, arbre de haute taille, tronc droit, gris, cannelé ; feuilles vert foncé, alternes, longues, lisses et entières. Ses fleurs, qui paraissent en août-septembre, sont blanches et d'un parfum agréable. Le fruit est une drupe dont le noyau renferme une amande charnue, épaisse et réniforme, longue de 5 à 7 centimètres sur 4 à 5 de largeur. Ces fruits mûrissent vers les mois d'octobre et novembre ; sont très nourrissants et pourraient être susceptibles d'être conservés comme les chataignes. Le brou contient du sucre en notable quantité, et de la sève de cet arbre on peut obtenir 7 couleurs différentes variant du rose au violet. Et voilà un arbre duquel le commerce n'a pas songé à tirer parti et que la hache du bûcheron abat tous les jours au détriment des eaux des vallées !

VIII. — FAMILLE DES JASMINÉES.

Arbrisseaux à feuilles opposées ou alternes; fleurs régulières hermaphrodites à 2 étamines seulement; ovaire à 2 loges contenant chacune 1 ou 2 ovules dressés.

Jasminum Sambac.

Jasmin d'Arabie, fleurs jaunes en octobre, introduit en 1850 par M. Bonard.

J. — Pubescens.

Jasmin de chine fleurs blanches, trés suaves. Introduit, en 1845, par M. Johnstone.

J. — Pubescens. Flore pleno.

Variété à fleurs doubles.

J. — Officinale.

Jasmin ordinaire, croit très bien à Tahiti, où il forme de splendides tonnelles.

J. — Didymum.

Jasmin indigène, croit sans culture dans toutes les vallées, parfum très suave. Vers le mois de novembre, cette belle liane se couvre d'une telle quantité de fleurs que le feuillage disparaît complètement sous une nuée blanche.

IX. — FAMILLE DES OLÉACÉES.

Cette famille diffère de la famille des jasminées uniquement par les graines qui sont suspendues dans les loges au lieu d'être dressées; fleurs très variables, à 4 lobes ou parfois unisexués, dépourvues de calice et de corolle.

Olea europæa.

Introduit par M. Robin; postérieurement une espèce a été introduite par M. Bonnefin. Cet arbre n'a jusqu'à présent donné aucun résultat quoique poussant avec vigueur.

X. — FAMILLE DES APOCYNÉES.

Arbres, arbrisseaux et herbes contenant un suc laiteux ; feuilles opposées simples, rarement munies de stipules, fleurs régulières nues ou pourvues d'appendices à la gorge de la corolle, à 5 lobes ; 5 étamines à anthères renfermant un pollen pulvérulent, 2 ovaires supères entourés par un disque, distincts à la base, réunis au sommet et terminés par un seul style ; ou un seul ovaire uniloculaire à 2 placentas pariétaux.

Allamanda neriifolia.

A feuille de laurier-rose ; floraison abondante, fleurs très grandes, d'un jaune orangé.

Tabernaemontana orientalis.

Faiate.

Vinca rosea.

Cette variété, ainsi que la suivante, ont été introduites par Mgr d'Axiéri.

V. Alba.

Plumeria Alba.

Franchipanier, arbre laiteux, rameaux charnus ; feuilles alternes. Fleurs grandes, odorantes ; corolle à 5 lobes oblongs, à tube long, grêle, cylindrique, nu à la gorge, 2 ovaires ; 1 style. Introduit par M. Abadie.

Nerium Oleander.

Laurier-rose, trop connu pour être décrit.

N. Oleander Flore plano alba.

Introduit par la Mission catholique.

N. Haqueville.

Introduit par M. Bonard en 1850.

Alstronia Costata.

Atahe ou *Napao* des indigènes.

Taughinia Naughas ou Cerbera Forsterii.

Arbre de première grandeur.

Echites Costata.

Atae Manono. Les indigènes se servent des fleurs pour confectionner des couronnes.

Alyxia Stellata.

Arbre de première grandeur. Odoriférant dans toutes ses parties. Il croît notamment à l'île de Makatea et sur les pointes du district de Tautira. Les indigènes se servent de son bois et de son écorce pour faire des parfums. Ces essences ont l'odeur de l'amande amère. Cet arbre fleurit en juillet et est nommé Maïre par les indigènes.

Lepinia Australis ou Tahitensis.

Caractères généraux de la famille: le fruit forme un triangle relié par ses pointes au pétiole de la fleur. Cet arbre croît dans des endroits inaccessibles, sur les flancs abruptes des montagnes humides.

Ochrosia Parviflora.

Tamore moua des indigènes; fleurs et fruits en mai.

XI. — FAMILLE DES ASCLÉPIADÉES.

Cette famille diffère de celle des Apocynées par les étamines soudées entre elles, entourant l'ovaire, et munies d'une couronne d'appendices pétaloïdes; et surtout par le pollen qui est agglutiné en deux petites masses, une dans chaque loge de l'anthère.

Asclépias curassavica.

Introduit, en 1839, par G. Orsmond, les indigènes nomment cette plante soie végétale. Ils font avec la soie, qui entoure sa graine, des oreillers.

Stephanotis floribunda.

Belles fleurs ressemblant à celles du jasmin, fleurit abondamment en septembre et octobre. Les fleurs répandent un parfum très suave, la nuit surtout.

Hoya carnea ou *Hoya carnosa.*

Introduit, en 1875, par Mme Boyd, fleurs en septembre et décembre. Plante dédiée à un jardinier du nom de Hoy. Arbrisseaux volubiles ou grimpants, à feuilles très épaisses coriaces. Fleurs en ombelles axillaires ; corolle très épaisse, comme vernissée, en roue, à 5 lobes étalés ; couronne staminale, composée de 5 folioles charnues, étalées. Il ne faut pas couper les supports des fleurs passées ; car pendant plusieurs années, c'est d'eux que sortent les nouvelles fleurs.

XII. — FAMILLE DES LOGONIACÉES.

Arbrisseaux et herbes à feuilles opposées, entières, munies de stipules. Fleurs régulières en grappes terminales ou axillaires ; calice monosépale à 5 lobes ; corolle monopétale à 5 lobes ; 5 étamines distinctes ; 1 ovaire à 2 loges ; style simple. Fruit capsulaire ou charnu.

Carissa grandis ou *Fragræa tahitensis.*

Pua des indigènes. Arbre magnifique, feuilles grandes et charnues, oblongues elliptiques. Fleurs très grandes d'un blanc jaunâtre répandant une odeur très suave. Le fruit est charnu et affecte la forme d'une poire, cocciné à la maturité. Les indigènes se servent de l'écorce comme remède contre les fractures.

Geniostoma rupestre.

Faipuu des indigènes, fleurit en octobre et décembre.

XIII. — FAMILLE DES BIGNONIACÉES.

Arbres, arbrisseaux et herbes à tiges dressées, ou grimpantes ou volubiles ; fleurs irrégulières, ordinairement disposées en panicules ; calice monosépale à 5 lobes, ou entier, corolle monopétale hypogyne, très dilatée à la gorge, à 5 lobes inégaux, ou à 2 lèvres ; étamines 5 ou 4 didynames ; ovaire supère à 2 loges entouré d'un disque charnu ; style simple ; stigmate à 2 lamelles ; fruit capsulaire s'ouvrant en 2 valves, ressemblant à de longues siliques.

Bignonia stans.

Introduit, en 1845, par M. Johnstone, feuilles opposées, fleurs jaunes, grandes, inodores.

B. Radicans.

B. Chelonepurpure.

Jacaranda Tomentosa.

Plante grimpante. Feuilles composées, fleurs violacées, sans graines. Introduit, en 1882, par Mgr d'Axiéri.

XIV. — FAMILLE DES GESNÉRIACÉS.

Herbes et sous-arbrisseaux à feuilles généralement opposées, sans stipules. Fleurs irrégulières ; calice à 5 lobes inégaux ; corolle monopétale irrégulière à 5 lobes ou à 5 lèvres ; 4 étamines dont 2 plus longues ; ovaire supère ou infère, à une seule loge avec 2 placentas pariétaux ; style filiforme ; stigmate variable. Fruit sec ou charnu, à graines nombreuses.

Cyrtandra Biflora.

Haape ou *Haapape.*

C. Cymosa.

C. Mucronata.

C. Pendula.

C. Connata.

Fleurs en juillet.

C. Nigra.

C. Tahitensis.

Fleurs blanches et odorantes.

XV. — FAMILLE DES POLÉMONIACÉES.

Herbes, rarement sous-arbrisseaux, à fleurs régulières disposées en cimes ou en panicules, calice monosépale, à 5 lobes ; corolle monopétale à 5 divisions égales ; 5 étamines ; ovaire à 2 ou 3 loges, entouré d'un disque charnu ; style simple ; stigmate à 2 ou 3 branches linéaires. Capsule à 2 ou 3 loges monospermes.

Phlox Drumondii.

Tige rameuse, touffue de 30 à 40 centimètres ; fleurs roses ou violettes disposées en corymbes assez serrés. Cette jolie plante se reproduit très bien de semis obtenus ici.

XVI. — FAMILLE DES CONVOLVULACÉES.

Herbes et sous-arbrisseaux à feuilles alternes non stipulées ; fleurs régulières ; calice à 5 sépales persistants ; corolle monopétale en forme d'entonnoir ou en cloche entière ou à peine lobée, mais marquée de 5 plis ; 5 étamines ; ovaire supère entouré d'un disque annulaire, de 1 à 4 loges ; style simple ; 2 ou 4 stigmates. Fruit capsulaire de 1 à 4 loges contenant chacune 1 ou 2 graines souvent poilues.

Batatas Edulis ou Convolvulus Batatas.

Patate douce, cette plante a beaucoup de variétés et semble être autochtone.

Ipomea Prescapræ.

Pohue miti, croît sur les plages sablonneuses.

Convolvulus Brasiliensis.

Pohue des indigènes. La sève de cette liane peut étancher la soif.

C. Peltatus.

Autre variété.

C. Turpethum.

Taurihau, plante de la pharmacopée tahitienne.

Dioscorea Sativa.

Igname, *Paauara.*

D. Pentaphylla.

Igname, *Patara.*

D. Alata.

Igname, *Uhi.*

D. Pirita.

Igname, *Pirita* ou *Uhi parai.*

Ces variétés croissent à l'état sauvage dans les montagnes.

D. Bulbifera.

Hoi.

Ipoméa Denticulata.

Papati.

Calonyction spéciosum.

Pohue, grande liane des forêts.

Convolvulus?

Liseron.

XVII. — FAMILLE DES BORRAGINÉES.

Herbes et sous-arbrisseaux généralement hérissés de poils un peu roides; feuilles alternes. Fleurs régulières, disposées en grappes unilatérales, dites scorpioïdes; corolle à 5 lobes, à gorge souvent garnie d'appendices de forme variable; 5 étamines; 4 ovaires avec un seul style implanté au milieu des 4 ovaires.

Tournefortia Argentea.

Tahinu, indigène.

Heliotropium Peruvianum.

Inutile de décrire ces plantes qu'il nous suffise de dire que l'Heliotrope a été importée de Sydney ; mais ce n'est grâce qu'à M. Ernest Butteaud qu'elle a été répandue dans le pays.

Pentacarya Heliotropoïdes.

Parahirahi, existe aux Iles.

XVIII. — FAMILLE DES CORDIACÉES.

Cette famille diffère des Borraginées par l'ovaire unique à 4 loges qui devient à la maturité un fruit charnu.

Cordia Sebestena (Forst.) ou Cordia Subcordata (Linné).

Dédié au botaniste allemand Cordier. Fleurs oranges disposées en grappes, calice vert, tubuleux à 3 dents, corolle monopétale infundibuliforme, figure une étoile à 6 pointes 6 à 7 étamines, anthères sur filets oranges, style long, terminé par un stigmate bifide. Fruits entourés par le calice persistant, ovoïdes, renfermant un nucule très dur qui contient une ou deux amandes d'un goût très fin et agréable. Feuilles entières alternes et longuement pétiolées. Elles tombent en partie vers le mois de septembre ; à ce moment les fruits sont entièrement mûrs. L'écorce sert à la médecine tahitienne et le bois est très beau et peut servir à faire de jolis meubles.

XIX. — FAMILLE DES SOLANÉES.

Herbes et arbrisseaux à feuilles alternes sans stipules. Fleurs régulières ; calice monosépale à 5, rarement 4-6 lobes ; corolle monopétale de forme très variable, à 5 ou rarement 4-6 lobes ; étamines en nombre égal à celui des divisions florales ; ovaire supère à 2 loges ; 1 style ; stigmate entier ou bilobé. Fruit sec ou charnu, à 2 loges rarement 4 ; graines nombreuses. Plusieurs espèces sont vénéneuses et l'on ne saurait prendre trop de précautions ; un des caractères distinctifs de cette famille est son son aspect généralement triste et sombre.

Solanum tuberosum.

Cette solanée croît à Tahiti ; mais ne pourrait produire longtemps sans dégénérer rapidement. Les essais vont se porter sur l'île de Rapa et il peut se faire que cette localité entre en partie dans la consommation qui se fait ici.

S. quitense.

Orange de Quito.

S. nigrum.

Sans utilité.

S. esculentum.

Aubergine.

Lycopersicum esculentum.

Tomate. Plusieurs variétés très belles existent à Tahiti.

Capsicum frutescens.

Piment. Plusieurs variétés.

Physalis angulata.

Tamanufarii des indigènes.

P. pubescens.

Tupere des indigènes (groseiller des Barbades).

Nicotiana tabacum.

Le tabac existe depuis longtemps à Tahiti, et, en 1876, deux variétés Virginia et Havanensis ont été introduites par Ed. Butteaud.

Datura stramonium.

Pomme épineuse.

D. tatula.

Fleurs violacées.

D. ferox.

D. suaveolens ou *fastuosa.*

Datura, altération du nom arabe Datora « Suaveolens » Fleurs grandes d'une odeur très forte et très suave appelées aussi « trompette du jugement dernier. »

Solanum viridi.

Puaiti.

S. Repandum.

Pua croît au fond des vallées humides.

S. anthropophagorum.

Oporo 2 variétés, l'une à fruit rouge et l'autre jaune. Les indigènes font avec des couronnes et des huiles parfumées.

Petunia nyctaginiflora.

Plusieurs ont été introduites ; *Violacea* hybrides à fleurs doubles. Les pétunias sont suffisamment connus pour que leur description soit utile.

XX. — FAMILLE DES SCROPHULARINÉES.

Plantes herbacées, arbrisseaux et rarement arbres, à feuilles généralement opposées, quelquefois alternes, sans stipules ; fleurs irrégulières de forme très variable ; calice monosépale à 5 ou 4 lobes ; corolle monopétale à 5 ou 4 lobes inégaux, quelquefois à 2 lèvres ; 4 étamines didynames ou seulement 2 ; ovaire supère à 2 loges ; style simple ou bifide ; stigmate entier à 2 lobes ; fruit capsulaire à 2 loges.

Franciscea acuminata ou *Cærulea* ou *Brunsfelsia Hopeana.*

Arbrisseau glabre ; feuilles oblongues ; fleurs en bouquets lâches à odeurs très suave, violettes le premier jour et blanches en se flétrissant.

Russelia Juncea.

Plante sous-ligneuse, à rameaux effilés longs de 2 ou 3 mètres, feuilles ovales, petites et rares. Fleurs toute l'année, pendantes, rouge écalarte, très longuement pédonculées.

Antirrhinum majus.

Gueule de Lion ou de Loup.

A. Hexandrum.

Matauru Haeha.

XXI. — FAMILLE DES ACANTACÉES.

Herbes et arbrisseaux, à rameaux généralement renflés et articulés au point d'insertion des feuilles ; feuilles opposées ou verticillées. Simples, sans stipules ; fleurs irrégulières accompagnées chacune de trois bractées, dont deux plus petites ; calice monosépale profondément divisé en 5 lobes, ou entier ; corolle monopétale tubuleuse à 2 lèvres, dont la supérieure quelquefois très petite ; 4 étamines didynames ou 2 seulement, à anthères biloculaire ou uniloculaire, ovaire supère, à 2 loges ; 1 style ; stigmate bifide ; fruit capsulaire, à graines insérées sur le milieu de la cloison.

Adenosma Fragrans.

Mapua des indigènes. Certains botaniste placent cette plante dans les scrofularinées. Croît dans les eaux dormantes des plages. Elle se nomme aussi *Puaioru*.

Dicliptera Clavata.

Plante indigène. Sans intérêt.

D. Frondosa.

Fleurs en septembre et octobre.

XXII. — FAMILLE DES VERBÉNACÉES.

Herbes, sous-arbrisseaux et arbrisseaux à feuilles opposées ou verticillées, sans stipules. Fleurs irrégulières disposées en épis ou en cimes paniculées, accompagnées de bractées croissant pendant la floraison ; calice monosépale à 4 ou 5 lobes ; corolle monopétale tubuleuse ; à limbe irrégulier presque bilabié à 4 ou 5 lobes ; 4 ou 5 étamines à anthères biloculaires; ovaire supère implanté dans un disque à 4 ou 8 loges contenant chacune de 1 à 2, 3 ovules. Fruit capsulaire ou charnu.

Verbena Longiflora.

De *Veneris vena*, veine de Vénus. — Herbes à tiges carrées, feuilles opposées. Fleurs de diverses couleurs, en épis allongés; corolle à long tube, 4 ou 2 étamines. Il existe à Tahiti plusieurs variétés qui forment l'ornementation des parterres.

Lantana Camara.

Introduit, en 1853, par M. Chappe, capitaine d'infanterie de marine. On se sert de cette plante pour faire des haies qui résistent aux bêtes à cornes. Les poules et autres gallinacées se nourrissent de ses graines.

Wollameria Japonica.

Introduit, en 1845, par M. Johnstone.

Clerodendron Fragans.

Introduit, en 1845, par M. Johnstone.

Duranta Plumeria.

Aloysia Citriodora.

Jolie plante. Les feuilles ont une odeur de citron très agréable.

Premna Tahitensis.

Abre nommé *Avaro*. Les indigènes s'en servent dans leur médecine et ornent avec les fleurs, des petits bouquets nommés *Oro* fait avec des feuilles d'une fougère nommée *Polypodium extensum*.

XXIII. — FAMILLE DES LABIÉES.

Herbes, rarement arbrisseaux, à tiges généralement carrées ; feuilles opposées. Fleurs irrégulières disposées en bouquets à l'aisselle des feuilles et formant par leur ensemble des sortes d'épis ou grappes interrompues ; calice monosépale ; corolle tubuleuse à 2 lèvres, la supérieure à 2 dents, l'inférieure trilobée ; 4 étamines didynames ou quelquefois 2 ; ovaire au nombre de 4, du centre desquels s'élève un style simple. Le fruit est fait de 4 akènes.

Ocymum Gratissimum.

Basilic. Les indigènes font avec les feuilles des huiles parfumées.

Rosmarinus Officinalis.

Introduit, en 1878, par E. Butteaud.

Mentha Piperita.

Introduit, en 1853, par le Dr Johnstone.

Lavandula Stæchas.

Introduit, en 1879, par Ed. Butteaud.

Coleus Blumei.

Introduit par M. Girard en 1873.

C. Scutellarioïdes.

Introduit par M. Girard en 1873.

Salvia Officinalis.

Introduit par M. Martin.

Thymus Vulgaris.

Introduit par Ed. Butteaud en 1879.

Strachys ?

Niho roa iti des indigènes.

Leucas Decemdentata.

Niho rou iti des indigènes.

Phyllostegia Tahitensis.

Entre dans la préparation des remèdes indigènes.

Thymus Serpullum Citratum.

Serpolet, introduction ancienne, pas de fleurs, se propage d'éclats.

Calamintha alpina.

Mélisse. Introduit, en 1879, par E. Butteaud, tige roide, rameuse, buissonnante 1 mètre environ; feuilles oblongues lancéolées. Fleurs grandes, rosées. 2 variétés.

Phlomis ?

XXIV. — FAMILLE DES PLOMBAGINÉES

Herbes et arbrisseaux à feuilles disposées toutes en rosettes, ou alternes, sans stipules. Fleurs régulières, disposées en épis unilatéraux paniculés, ou en ombelles, ou en capitules; calice ordinairement scarieux; corolle monopétale, ou en 5 pétales distincts; 5 étamines opposées aux pétales; un ovaire supère uniloculaire, surmonté de 5 styles. Fruit sec uniloculaire à 1 graine.

Plumbago Zeylanica.

Ava turatura, plante médicinale des Tahitiens, croit spontanément dans les montagnes; fleurs blanches, croît partout avec grande facilité.

P. Capensis ou *Grandiflora.*

Fleurs d'un bleu terne. Introduit par M. Pasquier, lieutenant de vaisseau.

P. Rosea ou *Coccinea.*

Introduit, en 1882, par Mgr d'Axieri.

§ III.

APÉTALES.

Plantes dont les fleurs n'offrent qu'une seule enveloppe nommée périanthe, qui est très souvent coloré comme la corolle et parfois réduit à quelques écailles seulement.

I. — FAMILLE DES BASELLÉES.

Herbes grimpantes, charnues, à feuilles alternes ; fleurs hermaphrodites en épis, pourvues d'un double calice, l'extérieur urcéolé l'intérieur à 5 sépales égaux ; 5 étamines opposées aux sépales du calice interne ; 1 ovaire uniloculaire ; style simple terminé par 3 stigmates. Fruit sec monosperme enveloppé par le calice.

Boussingaultia baselloïdes.

Plante vivace dédiée à M Boussingault. Souche tuberculeuse arrondie, cassante et rameuse, à chair blanche, mucilagineuse et visqueuse ; tige volubile s'élevant à 7, 8 mètres ; feuilles cordiformes, charnues. Fleurs en août, septembre, octobre et décembre, peu odorantes, blanches en grappe grêle et allongée. On assure que les feuilles peuvent servir d'aliments, préparées comme des épinards.

II. — FAMILLE DES AMARANTACÉS.

Herbes à feuilles alternes ou opposées sans stipules. Fleurs très petites, hermaphrodites disposées en épis ou en glomérules ; calice à 5, rarement 3 sépales scarieux colorés ; corolle nulle ; 5 étamines opposées aux sépales : 1 ovaire ; style simple ; fruit s'ouvrant transversalement.

Achyranthes aspera.

Aerofai des indigènes.

A. velutina.

Aerofai des indigènes.

Pupalia micrantha.

Amaranthus gangéticus.

Upoetii.

Cyathula prostata.

Toroura.

Amarantus mélancholicus.

III. — FAMILLE DES NYCTAGINÉES.

Arbrisseaux et herbes à tiges ordinairement rameuses ; feuilles souvent opposées. Fleurs hermaphrodites régulières, accompagnées de bractées colorées, ou d'un involucre qui simule un calice ; calice coloré monosépale tubuleux ou en entonnoir ; corolle nulle ; étamines ordinairement au nombre de 5, opposées aux lobes du calice ; un ovaire à une seule loge ; style simple. Fruit sec indéhiscent contenant une seule graine dont l'embryon est situé en dehors de l'albumen.

Bougainvillea spectabilis.

Arbrisseaux sarmenteux dédiés à Bougainville. Fleurs accompagnées de grandes bractées d'un rose tendre. Introduit, en 1874, par Ed. Butteaud.

B. Splendens.

Introduit, en 1845, par Johnstone. Arbuste à feuilles ovales lancéolées fleurs d'un rose lilacé.

B. Fastuosa.

Arbuste très vigoureux est semblable au précédent, si ce n'est sa force de végétation qui est extraordinaire.

Mirabilis jalapa.

Belle de nuit.

Bœrhavia diffusa.

Have fleurs toute l'année.

Pisonia grandis.

Puruhi.

P. Brunoniana.

Puatea.

P. Umbellifera.

Puatea.

Bœrhavia tetranda.

Indigène.

IV. — FAMILLE DES POLYGONÉES.

Herbes et arbrisseaux à tiges souvent articulées, à feuilles alternes munies de stipules engaînantes. Fleurs petites, régulières hermaphrodites, en épis ou en vastes panicules ; calice de 3 à 6 sépales verts ou colorés, disposés sur deux rangs ; étamines en même nombre ; ovaire triangulaire ou comprimé, surmonté de 2 ou 3 styles. Fruit anguleux ou comprimé, à une seule loge.

Polygonun imberbe.

Tamore des indigènes.

Rumex acetosa.

Oseille. Introduit par M. Bonard.

R. Chilensis.

Variété de la précédente.

Coccoloba Uvifera.

Raisinier de mer. — Comestible.

V. — FAMILLE DES LAURINÉES.

Arbrisseaux et arbres à feuilles alternes, coriaces sans stipules. Fleurs régulières ordinairement hermaphrodites, disposées en ombelles ou en panicules pauciflores axillaires ; calice vert, à 4 ou 6 sépales distincts ou soudés entre eux inférieurement ; corolle nulle ; étamines en nombre supérieur à celui des sépales, et à anthère s'ouvrant par de petites valvules qui se séparent de bas en haut ; ovaire, supère uniloculaire. Fruit drupacé, monosperme.

Laurus nobilis.

Laurier d'Appollon. Laurier-sauce, propagé à Tahiti par Ernest Butteaud. Introduit ensuite par M. Louis Martin.

Persea gratissima.

Avocatier, corruption du mot *Awacate*, nom qu'il porte dans l'Amérique méridionale. Arbre de 12 à 15 mètres d'un beau port feuilles alternes, ovales, épaisses ; fleurs en panicules, fruit en forme de poire, très gros. Introduit par l'amiral Hamelin en 1846.

L. Persea. (?)

Variété de Rio. Introduit par M. Bonard. Les fruits ont la forme d'une pomme.

L. Persea. (?)

Mêmes caractères que les précédents. Les fruits sont ronds, plus petits, et ont une saveur exquise, la peau est blanche au lieu d'être verte. Introduit par François Butteaud.

Cassyta filiformis.

Tainoa des indigènes. Plante éphyphite ; fleurit toute l'année et tombe en longs festons des arbres qui lui servent de support.

Cinnamomum zeylanicum.

Cannellier. Les pieds, introduits en 1850, par M. Bonard, ont été coupés par ordre de M. de la Richerie lors de l'alignement de l'avenue de la Reine-Blanche. Ce n'est qu'en 1876, que de nouveaux spécimens ont été plantés à Arue par Ed. Butteaud.

Camphora officinarum

Introduit par plusieurs personnes : Bonard, Labbé et Ed. Butteaud.

Agathophyllum aromaticum ou *Ravensara aromatica.*

Introduit par M. Robin, porte ici le nom de « quatre épices. » On se sert des feuilles et des fruits comme épices. Un pied existe à Taaone.

VI. — FAMILLE DES GYROCARPÉES.

Petite famille ; ne diffère de la précédente qu'à cause des tours de spire que font les cotylédons autour de la gemmule ; feuilles alternes, fleurs précoces, disposées en panicules et fruit monosperme revêtu de 2 ailes à son sommet.

Gyrocarpus asiaticus.

Fleurs en mai et juin ; ses fruits mûrissent en septembre et octobre. En même temps que les fleurs apparaissent, les feuilles tombent C'est le *oporovainui* des indigènes.

VII. — FAMILLE DES DAPHNÉACÉES.

Arbrisseaux, rarement herbes, à feuilles opposées ou alternes non stipulées. Fleurs hermaphrodites, régulières, axillaires ou disposées en épis capitulés, pourvus d'un involucre ; calice tubuleux coloré à 4 lobes, étamines en nombre double ou égal à celui des lobes du calice, insérés à deux hauteurs différentes dans le tube calicinal ; un ovaire supère uniloculaire ; style simple plus ou moins latéral. Fruit sec ou drupacé, contenant une seule graine.

Daphne capitata.

Daphne fœtida ou *Wickstrœmia forsterii.*

Oaoa ou *ovau* des indigènes.

Hermandia sonora ou *Peltata.*

Tianina. Cette plante croît aux alentours du lac *Temae* à Moorea.

Hernandia moerenhoutiana.

VIII. — FAMILLE DES BALANOPHORÉES.

Végétaux parasites, fongiformes, dont la tige est épaisse, charnue, garnie d'écailles au lieu de feuilles, et presque toujours renfermée avant son développement dans une spathe tubuleuse. Fleurs petites, monoïques et dioïques. Fleurs mâles, pédicellées, calice monophylle de un à huit sépales ; étamines opposées aux folioles au nombre de une à trois, soudées à la fois par les filets et les anthères ; fleurs femelles sessiles ou pédicellées ; ovaire infère, à une seule loge, un ou deux styles partant du sommet de l'ovaire et terminés par autant de stigmates simples. Fruits coriaces, uniloculaires et monospermes.

Balanaphora fungosa.

Huamati des indigènes. Parasite, se trouve sur les racines des *Ficus tinctoria* et des *Prolixa.*

IX. — FAMILLE DES EUPHORBIACÉES.

Herbes, arbrisseaux et arbres, contenant un suc aqueux ou laiteux souvent dangereux ; feuilles alternes ou opposées, avec ou sans stipules. Fleurs très variables de formes et d'organisation, toujours unisexuées ; calice monosépale, ou à 2-4 sépales, ou nul ; corolle le plus souvent nulle, ou monopétale, ou polypétale. Etamines en nombre généralement défini, ou quelquefois en nombre indéfini ; ovaire supère, presque toujours à 3 loges, surmonté d'autant de styles distincts, ou soudés entre eux. Le fruit est une capsule qui s'ouvre en autant de coques qu'il y a de loges.

Euphorbia Atoto.

Atoto des indigènes.

E. Tahitensis.

Amalanthus Nutans.

Ricinus Communis.

Ricinier.

R. Viridis.

Variété.

R. Rubricaulis.

Phyllanthus Virgatus ou *Simplex.*

Moemoe.

Cicca Acida.

Chérambolier.

Glochidion Ramiflorum ou *Phyllanthus Tahitensis.*

Mahame.

Jatropha Elastica, Siphonia Elastica ou *Hevea Guyanensis.*

Caoutchoutier, introduit en 1850 par M. Pancher. Perd ses feuilles en septembre. Elles repoussent en novembre. Fleurs en janvier.

Jatropha Curcas.

Figuier infernal.

Phyllanthus Ramiflorum.

Manono.

Claoxylon Tahitensis.

Mahihot Utilissima ou *Mahihot Jatropha.*

Introduit, en 1850, par M. Bonard. On obtient de sa fécule 30 0/0 d'alcool. Une particularité qui mérite d'être mentionnée, c'est que le manioc, a perdu depuis son introduction une grande partie des sucs délétères qui en font un poison terrible.

Aleurites triloba.

Bancoulier. *Tiairi* des indigènes. Cet arbre a été depuis si longtemps le sujet de discussions que nous ne pouvons nous empêcher de le décrire. Arbre de 10 à 15 mètres ; tronc brun et rugueux à la base, lisse et gris dans sa partie moyenne, maculé de taches blanches et grises. Il découle de l'écorce une gomme blonde. Feuilles larges, vert-clair, lisses en dessus, blanchâtres en dessous, trilobées. Fleurs monoïques, petites, jaune-pâle, en grappes grisâtres de 10 à 12 centimètres de long. Corolle à 5 pétales jaune-pâle ; étamines en nombre indéterminé, filets verdâtres, épais, courts, réunis en faisceaux, anthères biloculaires. Fleurs femelles, même conformation. Ovaire sessile, 2 styles épais, courts, terminés par un stygmate bifide, 2 ou 3 loges. Le fruit est une drupe charnue, pericarpe gris-verdâtre, paraît être formé de 2 drupes accolées; graine formée d'une enveloppe excessivement dure, renfermant une amande.

Ce fruit, carbonisé, servait autrefois de teinture pour les tatouages. Les amandes servaient aussi de flambeau lorsqu'elles avaient été enfilées les unes après les autres dans des morceaux de bois qui servaient de mèches.

X. — FAMILLE DES PROTÉACÉES.

Arbres à beau et grand feuillage ; feuilles alternes ou opposées ou verticillées, coriaces, entières ou découpées latéralement, et pourvues de stipules. Fleurs ordinairement hermaphrodites, disposées en épis, en grappes, en panicules ou en capitules ; calice coloré à 4 sépales spatulés, creusés au sommet ou tubuleux à 4 loges ; 4 étamines opposées aux sépales et insérées sur eux, à filets courts ou nuls ; ovaire supère uniloculaire.

Embothrium umbellatum.

E. Racemosum.

Ascarina polystachya.

Araihau.

XI. — FAMILLE DES PIPÉRACÉES.

Herbes, arbrisseaux et arbres à tiges simples ou rameuses, présentant des nœuds articulés et des faisceaux fibreux épars dans la moelle. Feuilles opposées, alternes ou verticillées, entières, charnues ou membraneuses, pétiolées ou sessiles, parfois embrassantes et accompagnées de deux stipules distinctes ou soudées en une seule oppositifoliée. Fleurs petites, unisexuées disposées en épis grêles, cylindriques ou filiformes, axillaires ou terminaux, et presque toujours opposés aux feuilles. 2 à 10 étamines groupées autour du pistil, à l'aisselle d'une écaille peltée. Filets courts, libres ou soudés par la base avec l'ovaire. Anthères portées par un connectif épais. Ovaire uniloculaire renfermant un ovule dressé, et portant presque toujours un stigmate sessile ou surmonté quelquefois d'un style. Le fruit est une baie monosperme, sèche ou charnue.

Piper métysticum.

Kava des indigènes. Feuilles membraneuses, pétioles engaînants, étalées, échancrées en cœur à la base, légèrement acuminées et subarrondies au sommet ; 11 à 13 nervures saillantes partant de la base de la nervure médiane. Le pétiole se dilate et forme une gaine amplexicaule verte ou violacée, les jeunes feuilles sont munies de stipules, foliacées et caduques. Fleurs dioïques réunies en châtons axillaires nus et allongés. Les fruits sont des baies monospermes.

Outre le *Piper latifolium, Ava avairai* des indigènes, il existe d'autres variétés qui servent en partie à la fabrication d'une eau-de-vie que les indigènes obtiennent par la macération des racines qu'ils ont préalablement pilées ou râpées.

Les indigènes nomment ces variétés *Hahateaa*, *Arine*, *Ute-Avine*, *Tea*, *Taaparu*, *Toa*, *Arava Marava*, *Aue*, *Fauri*, *Taramaete*, *Marea*, *Marotai*, *Maopi*, *Paihaa*, *Ataura*, etc...

Les anciens habitants du pays employaient le *Kava* dans des préparations médicales contre la syphilis et la blennorrhagie.

Piper Latifolium.

Ava avairai.

Peperomia Reflexa.

P. Rhomboidea.

P. Pallida.

P. Leptastachya.

Nohoau.

XII. — FAMILLE DES URTICÉES.

Arbres, arbrisseaux et herbes à feuilles alternes ou opposées et munies de stipules. Fleurs diclines ou polygames présentant un calice entier ou divisé plus ou moins profondément en trois, quatre ou cinq parties. Etamines hypogynes en nombre défini, variable, souvent égales et opposées aux divisions calicinales. Filets droits portant des anthères le plus souvent biloculaires. Ovaire libre ou quelquefois adhérent presque toujours à une loge renfermant un ovule dressé ou pendant latéralement. Un ou deux styles plus ou moins couverts de papilles stigmatiques. Fruit charnu ou sec, indéhiscent. Graine renfermant un embryon muni ou dépourvu d'endosperme.

Urtica Æstuans ou *Pipturus Argenteus.*

Roa. Textile excellent, les indigènes fabriquent avec son écorce des filets de pêche et des cordages d'une longue durée.

U. Ruderalis ou *Heurya.*

Interrupta.

Iriaeo.

Elatastemma sessile.

Toutoa.

Bœhmeria interrupta ou *Platyphylla.*

Vairoa. Fleurs en janvier.

Bœhmeria nivea.

Ramie. Introduite, en 1869, par M. de la Roncière.

Procris pedunculata.

Araiha.

Maoutia australis.

Petit arbre.

Laportea photiniphylla.

Harato.

Pipturus albidus.

Cypholophus Macrocephalus.

1re tribu. — Morées.

Végétaux à suc aqueux ou laiteux. Feuilles alternes stipulées. Fleurs unisexuées. Les mâles à calice de 3 à 4 parties. Calice des fleurs femelles formé par quatre folioles. Akène recouvert par le calice sec ou charnu.

Morus multicaulis.

Introduit, une première fois en 1850, par M. Bonard ; une deuxième fois par Mgr. d'Axiéri et Butteaud.

M. Alba.

Introduit par MM. Bonard, Pater et Butteaud.

M. Rubra.

Existe chez M. Renvoyé.

Broussonetia Papyrifera.

Aute des indigènes, dédié à Broussonet. Fleurs disposées en chatons unisexués dioïques ; les mâles allongés cylindriques, caducs ; les femelles globuleux, entremêlés d'écailles poilues. Cet arbrisseau nommé mûrier à papier, servait aux Tahitiens à faire des étoffes qui n'étaient portées que par la classe noble.

Ficus rubiginosa ou *Australis.*

Introduit par M. Johnstone. Il en existait un pied gigantesque près de la cathédrale de Papeete et qui a été abattu dans un coup de vent.

Pseudomorus Brunoniana.

Matimati.

2e Tribu. — Artocarpées.

Arbres et arbrisseaux à suc laiteux. Feuilles alternes ou distiques, stipulées. Fleurs unisexuées. Les mâles à calice de deux à six folioles ; fleurs femelles ; périanthe tubuleux ou formé de trois à six folioles. Fruit sec ou drupacé, indéhiscent.

Artocarpus incisa.

Uru des indigènes. *Maiore* des étrangers. Arbre de première grandeur, écorce grise, rugueuse, d'où s'écoule un suc laiteux ; feuilles alternes, stipulées caduques. Fleurs monoïques ; les mâles disposées en chatons jaunes, mous, de 25 centimètres ; les femelles nombreuses et insérées sur un réceptacle charnu. Le fruit est stérile par avortement des graines, résultat de l'agglutination des nombreux ovaires. Il est de couleur verte, pâlissant vers l'époque de la maturité ; sa forme est ronde ou allongée ; il est recouvert de protubérance polyédriques indiquant les lignes de soudures des ovaires. Ce fruit fait partie de l'alimentation des indigènes, il donne 2 récoltes pleines et une intermédiaire par an ; et dans les pays où n'existe pas le feï il est conservé dans les silos et prend alors le nom de *tioo*. C'est une pâte fermentée, qui est conservée pour la mauvaise saison. On faisait aussi avec l'écorce intérieure du tronc des étoffes dont les indigènes se couvraient.

Artocarpus integrifolius.

Diffère du précédent par ses feuilles entières à l'état adulte, lobées lorsquelles sont jeunes. Son fruit oblong, jaunâtre, atteint deux pieds sur un pied de diamètre. Cet arbre est d'introduction récente. Il est parvenu à Tahiti en 1879, envoyé par M. Rathuis à Ed. Butteaud.

Ficus prolixa (L.) ou *Urostigma prolixum. (Miquel).*

Oraa des indigènes. Figuier des Banians.

F. tinctoria.

Croît dans les vallées. La baie servait autrefois de teinture pour l'application des dessins sur les étoffes faites avec l'*Artocarpus* ou le *Broussenetia papyrifera.*

Ficus macrophylla.

Introduit, en 1851, par M. d'Harcourt.

F. carica.

Figuier introduit par plusieurs personnes.

XIII. — FAMILLE DES ULMACÉES.

Arbres à feuilles alternes distiques, munies de 2 stipules caduques. Fleurs hermaphrodites ou polygames très petites; calice membranacé à 4 ou 5 lobes, ou de 3 à 9; étamines en nombre égal à celui des lobes du calice; un ovaire supère uniloculaire couronné par 2 stigmates grêles. Fruit indehiscent renfermant une seule graine.

Celtis Discolor.

Aere des plages.

C. Orientalis. — C. Paniculata.

Aere des plages et des montagnes.

Ces trois espèces se distinguent à leur écorce couverte d'aspérités, branches souvent inclinées et à leurs feuilles obliques à leur base, dentées et d'un vert sombre. Fruits noirs.

XIV. — FAMILLE DES CASUARINÉES.

Arbres à rameaux et ramules striés, sillonnés, verticillés, articulés, munis à chaque articulation d'une gaine dentée qui remplace les feuilles. Fleurs unisexuées disposées en chaton, les mâles, accompagnées chacune de 2 bractées, offrent un calice à deux sépales écailleux, caducs, soudés à leur sommet, et 1 étamine; les femelles, situées à l'aisselle d'une petite bractée, ont un calice à 2 sépales naviculaires et un ovaire ; le fruit est une sorte de petit cône constitué par les bractées et sépales devenus ligneux.

Casuarina Equisetifolia.

Bois de fer. Cet arbre est très répandu sur le littoral des îles de la Société. Il est sans usage ici. On fait cependant avec, du charbon qui est très estimé. Les maraë des Polynésiens étaient aussi ornés de ces arbres et encore de nos jours les habitants conservent pour eux un respect particulier ; en effet c'étaient les témoins séculaires des cérémonies anciennes d'un culte aboli aujourd'hui, mais qui n'en était pas moins remarquable.

XV. — FAMILLE DES CONIFÈRES.

Arbres résineux, à feuilles écailleuses ou en forme d'aiguilles, rarement élargies. Fleurs unisexuées, nues, rassemblées en chatons mâles et femelles. Fleurs mâles sans enveloppes, composées d'étamines à plusieurs loges, dont le connectif est dilaté supérieurement en forme d'écailles ; les femelles, également sans enveloppe, sont réduites à de simples ovaires, réunis par 2 au plus, à la base d'une écaille. Le fruit est un cône formé de l'ensemble des écailles lignifiées à la base desquelles sont des graines ; quelquefois le fruit est drupacé.

Cupressus sempervirens.

Introduit, en 1850, par M. Bonard.

Araucaria excelsa.

Introduit par M. Nutt, en 1835.

A. Cookii ou *Cupressus columnaris.*

Introduit par M. Johnstone, en 1845 et, en 1856, par M. Ferré, lieutenant de vaisseau.

A. Cunninghamii.

A. Bidwillii.

Introduit par MM. Gérard et Ed. Butteaud.

Podocarpus totarra.

Introduit, en 1877, par M. Ed. Butteaud.

XVI. — FAMILLE DES CYCADÉES.

Plantes ligneuses à tige presque toujours simple, longue, droite et cylindrique ou courte et ovoïde. Feuilles réunies au sommet de la tige, souvent roulées en crosse avant leur développement, pennées, à folioles nombreuses, et de forme variable. Fleurs dioïques ; les mâles réunis en cônes terminaux, volumineux, ovoïdes ou oblongs et composés d'écailles spatulées portant sur leur face inférieure des anthères nombreuses, éparses ou groupées par deux ou quatre, sessiles, uniloculaires. Fleurs femelles tantôt en cônes dont les écailles peltées portent inférieurement deux ovules suspendus et réfléchis, consistant seulement en des ovules nus et droits occupant la place des folioles sur les deux bords de feuilles avortées, simples, courtes et lancéolées. Fruit légèrement charnu, monosperme et indéhiscent, à test mince et ligneux. Périsperme charnu présentant en son centre une cavité où sont placés plusieurs embryons inégalement développés à cotylédons inégaux soudés au sommet.

Cycas Revoluta.

Introduit, en 1850, par M. Bonard. Cette plante renferme une grande quantité de fécule contenue dans la moelle, le parenchyme cortical de sa tige et le périsperme charnu de ses graines. Ce produit peut être employé dans l'alimentation humaine, et est vendu souvent sous le nom de « sagou » qui ne lui appartient pas.

CHAPITRE II.

MONOCOTYLÉDONES

Plante dont l'embryon n'a qu'un cotylédon et germe, par suite, qu'avec une feuille primordiale. La tige n'est pas constituée par des couches ligneuses concentriques ; mais par des faisceaux ou filets fibreux vasculaires, dispersés dans la masse cellulaire. En général la tige est simple ; les feuilles ont les nervures simples parallèles et non rameuses ; les fleurs offrent le nombre 3, ou un de ses multiples, dans chacune des parties constituantes : périanthe, étamines, loges de l'ovaire. C'est à cette classe qu'appartient la grande famille des Palmiers.

I. — FAMILLE DES ORCHIDÉES.

Cette famille comprend des plantes terrestres et épiphytes, c'est-à-dire qui croissent sur les arbres, sans leur emprunter de sève comme les parasites ; les racines sont alors longues, suspendues en l'air ou appliquées dans les anfractuosités des écorces ; chez les espèces terrestres les racines sont fasciculées ou tuberculeuses. Les tiges sont allongées, cylindriques, quelquefois grimpantes, renflées ou raccourcies. Les feuilles sont épaisses et plus ou moins longuement oblongues, alternes, ou réunies plusieurs au sommet des bulbes. Les fleurs offrent les formes les plus bizarres et sont diversement disposées en épis, grappes ou panicules. Chacune d'elles est composée d'une enveloppe double à six divisions, trois externes calicinales, et trois internes, dont une, l'inférieure, de forme différente des deux latérales, généralement plus grande, est nommée labelle ou labellum. L'ovaire est infère à 3 loges, et son style, qui est supère, se trouve soudé et confondu avec les filets des étamines, pour former une colonne qui porte 2 ou 4 loges staminales dans lesquelles est renfermé le pollen, dont les grains sont agglutinés entre eux et forment les masses polliniques, pourvues chacune d'une petite queue (caudicule). Le stigmate est ordinairement concave et occupe le sommet ou le côté de la colonne. Le fruit est une capsule.

A Tahiti un grand nombre d'orchidées croît en faux parasites sur le tronc des arbres, et donne à la végétation un caractère tout particulier.

Oberonia Ensifolia.

Indigène.

Titania Miniata.

Microstylis Plantaginea.

Epidendrum clypeolum.

Cirrhopetalum Thouarsii.

Epidendrum crispatum.

E. biflorum ou *Denerobium biflorum.*

Mare des indigènes.

E. resupinatum ou *Calanthe gracillima.*

Tupu des indigènes.

Calanthe odoratissima.

Calanthe grandifolia.

Epidendrum fasciola.

Calanthe Tahitensis.

Malaxis Tahitensis.

M. Lindleyana.

M. myosurus.

M. glandulosa.

Liparis clypeolum.

L. revoluta.

Bolbophyllum longiflorum.

Mafatu anae.

B. Tahitensis.

Arundina Tahitensis.

Calanthe triantherifera.

Habenaria Tahitensis.

Pogonia Nervilla.

Pia rautahi.

Limodorum fasciola.

Uramoae.

Vanilla aromatica ou *longifolia.*

Vanille du Mexique. Introduite, en 1846, par l'amiral Hamelin.

Vanilla planifolia.

Vanille de Manille. Introduite, en 1850, par l'amiral Bonard. Cette variété n'est pas estimée.

II. — FAMILLE DES ZINGIBÉRACÉES.

Plantes vivaces, à rhizome quelquefois tubéreux, avec ou sans tiges ; feuilles alternes pourvues d'une forte nervure médiane. Fleurs irrégulières, composées d'un ovaire infère, à 3 loges, couronné par 3 dents calicinales ; de 6 divisions pétaloïdes disposées sur 2 rangs, dont les 3 internes plus grands ; une seule étamine à anthère biloculaire ; style filiforme.

Beaucoup de ces plantes qui appartiennent à nos régions ont des rhizomes aromatiques et plus ou moins riches en fécule ; l'économie domestique y trouve des parfums et des condiments. Presque toutes contiennent une huile essentielle, et les fleurs de quelques unes sont très belles.

Zingiber Zerumbet.

Reamoeruru des indigènes. Les tiges meurent en juin et reparaissent en octobre-novembre. On ne fait aucun usage des rhizomes qui sont blancs.

Curcuma longa.

Rea. Plantes sans tiges ; fleurs en épis pédonculés radicaux, terminés par des bractées à l'aisselle desquelles naissent les fleurs. Croissent spontanément à Tahiti. Leurs rhizomes sont d'un usage général chez les Tahitiens qui les emploient comme condiment. On en retire une couleur jaune orangée, belle mais peu solide. Cette plante a une odeur analogue à celle du gingembre, une saveur âcre, aromatique et un peu amère ; elle possède aussi des propriétés médicinales.

Zingiber officinale.

Fleurs disposées en épis serré radical et imbriqué ; périanthe double, étamine marquée d'un sillon et offrant un appendice aigu ; anthère bifide ; style caché dans le sillon de l'étamine. Le gingembre n'est que d'introduction récente ; ses rhizomes tubéreux sont connus de tout le monde et sont employés comme condiment. On dit aussi qu'en Angleterre on fabrique avec, une bière aromatique et stimulante, dont la saveur est agréable. Il est très excitant et peut être avantageux aux personnes grasses et lymphatiques qui ont la digestion lente et laborieuse.

Amomum Ceruga ou *Amomum Species.*

Opuhi des indigènes. Sans intérêt ; on fait cependant avec ses feuilles des paillasses qui sont très aromatiques et très estimées par les indigènes.

Alpinia Nutans.

Tiges de 2 à 3 mètres, à feuilles distiques, oblongues lancéolées, fleurs en grappes terminales, blanches, roses et lignées de rouge sur fond orangé. Cette plante nommée par les indigènes ***opuhi paapa***, a été introduite ici par les missionnaires anglais.

Hedychium Gardnerianum.

Plantes à fleurs jaune citron en épis terminaux, sentant la jonquille. L'introducteur de cette variété n'est pas connu.

III. — FAMILLE DES CANNACÉES.

Herbes vivaces, à rhizomes parfois tubéreux, donnant naissance à des tiges herbacées, garnies de larges feuilles pourvues d'une nervure médiane très épaisse. Fleurs irrégulières, en grappes ou panicules lâches terminales et composées, chacune, d'un ovaire infère surmonté de 3 sépales verts; corolle à six ou sept pétales inégaux, dont un réfléchi formant une sorte de labelle, une étamine à filet pétaloïde et à anthère uniloculaire, style pétaloïde.

Canna indica.

Canne d'Inde. Deux variétés, l'une à fleurs écarlates et l'autre à fleurs jaunes. Sans emploi.

Maranta indica.

Le rhizome de cette variété donne après manipulation la fécule nommée par les Anglais « arrowroot » et qu'il ne faut pas confondre avec celle du *pia*, qui est fournie par le *Tacca pinnatifida.*

IV. — FAMILLE DES MUSACÉES.

Plantes herbacées, d'une dimension souvent gigantesque, à souches vivaces, à tiges formées par les pétioles très larges, très épais, engainants et emboîtés les uns dans les autres, qui enveloppent une hampe terminée par une longue grappe généralement renversée ; feuilles oblongues, longues souvent de plusieurs mètres, à nervures médianes très grosses. Fleurs irrégulières, groupées à l'aisselle d'épaisses et nombreuses bractées, dont l'ensemble constitue ce que l'on nomme régime. Chaque fleur est composée d'un ovaire infère à 3 loges, surmonté d'un périanthe à 6 divisions, dont 3 externes et 3 internes inégales ; 6 étamines ; style simple. Le fruit est charnu ou capsulaire.

Musa sinensis.

Introduit, en 1845, par Bidwill. Cette variété croît très bien ici, où elle atteint 2 mètres de hauteur, et ses régimes peuvent avoir 0^m75 à 1 mètre de longueur.

Musa paradisiaca.

Indigène. Croît dans les hautes vallées en compagnie des feïs.

Musa fehii ou *feï.*

Indigène. Forme dans les vallées de grandes réunions nommées *peho*. Cette variété croît sans culture et son régime contient de 40 à 60 fruits. Il n'est pas de plantes qui, sur un petit espace de terrain, produise une masse de substance nourrissante aussi considérable. Le feï, cuit vert, contient le même principe nourrissant que le blé, le riz, le pia, etc. Le fruit mûr est un mets très agréable, que l'on prépare de plusieurs façons et sert, sous le nom de *popoi*, d'aliment aux jeunes enfants. On peut le conserver comme les figues et dans cet état, ainsi que d'autres bananes du reste, prenant le nom de *piere*, il devient un objet de commerce. On tire, en outre, du pétiole une paille très noire, formée de l'épiderme, qui sert à la confection des chapeaux du pays.

Musa sapientium.

Tronc plus élancé. Introduit par l'amiral Bonard. Nommé ici « bananier de Rio ». Cette espèce croît en touffes épaisses.

Musa (?).

Introduit, en 1877, par M. Planche. Le fruit est tout petit. Cette variété doit faire partie du groupe désigné sous le nom de figues-bananes ou bananes mignonnes.

En outre des variétés désignées ci-dessus, il existe plusieurs espèces, nommées par les indigènes *Orea*, *Avae*, *Tamene*, *Apiri*, *Hapua*, *Pau*, *Puroini*, *Papai*, *Neinei*, *Hai*, *Aivao*, *Ava*, *Etahi*, *Tivahi*, *Paparua*, *Toro*, *Papa*, *Oio*, *Ovatavata*, *Afifi*, *Rori*, etc.

V. — FAMILLE DES BROMÉLIACÉES.

Plantes vivaces, quelquefois parasites ; feuilles alternes généralement réunies en faisceaux à la base de la tige, allongées, étroites, souvent dentées et épineuses sur les bords ; fleurs disposées ordinairement en grappes rameuses, en épis écailleux ou en capitules ; périanthe tubuleux, entièrement libre ou adhérent par sa partie inférieure avec le tube du calice, partagé en six divisions plus ou moins profondes, disposées sur deux rangs, les trois inférieures colorées et pétaloïdes ; six étamines, rarement plus ; ovaire à trois loges, renfermant chacune un grand nombre d'ovules ; style simple ; stigmate à trois divisions planes ou aiguës ; fruit généralement charnu, bacciforme, couronné par les lobes du périanthe, à trois loges polyspermes ; embryon long recourbé, entouré d'un endosperme farineux.

Bromelia Ananas ou *Ananassa Sativa*.

Ananas commun. Fleurs en octobre et en avril. Maturité des fruits en avril et septembre. On le mange par tranches, soit au naturel, soit en y ajoutant du sucre et du vin ; on en fait aussi d'excellentes confitures. Le suc exprimé donne une limonade agréable, qui, par fermentation, produit un vin fortifiant. Les feuilles fournissent des fils textiles d'une grande beauté qui servent à la confection de la toile d'ananas. On prétend aussi que le fruit mangé vert a des qualités abortives.

Bromelia (?).

Ananas des montagnes. Se trouve dans certaines vallées en fourrés inextricables. Plus petit que le précédent. Les fruits sont également moins gros, la chair en est dure et possède peu de jus.

Bromelia (?).

Ne diffère du précédent qu'en ce que ses feuilles sont plus longues et ne sont pas armées de piquants.

VI. — FAMILLE DES IRIDÉES.

Plantes herbacées à bulbe ou à rhizome souterrain ; feuilles généralement planes, engaînantes par le côté, de manière à former une sorte d'éventail, ou distiques sur la tige qu'elles regardent par un de leurs bords. Fleurs ordinairement grandes, irrégulières, diversement disposées, accompagnées chacune d'une spathe, et composées de 6 divisions, dont 3 internes différant des externes par la forme et la grandeur ; 3 étamines, 1 ovaire infère à 3 loges surmonté d'un style et de 3 stigmates.

Gladiolus communis.

Glaïeul. Plante peu répandue à Tahiti ; elle y prospère bien cependant.

VII. — FAMILLE DES AMARYLLIDÉES.

Plantes à bulbes tuniqués ; feuilles planes, toutes radicales allongées ; fleurs régulières ou irrégulières, à 6 divisions colorées, plus ou moins soudées entre elles ; 6 étamines ; 1 ovaire infère à trois loges.

Amaryllis Rosea.

Amaryllidée à fleurs roses.

A. Candida.

Amaryllidée à fleurs blanches. Introduites la première, en 1845, par M. Johnstone, la seconde, en 1850, par M. Bonard. Ces deux variétés fleurissent très bien à Tahiti et servent à faire les bordures des plates-bandes.

Crinum Cochinchinensis.

Peu de feuilles, ou pas du tout, après les pluies en octobre, sort de terre une hampe qui porte de 5 à 6 fleurs écarlates.

Crinum Erubescens.

Porte à tort, ici, le nom de lys blanc. Cette plante forme des touffes et fleurit de septembre en février.

Agave Americana.

Introduit, en 1845, par M. Johnstone. Plantes à feuilles très épaisses, charnues, fibreuses, très rapprochées, nombreuses, presque toutes radicales, terminées en pointes aiguës. Hampe sortant du centre des feuilles, portant de nombreuses fleurs disposées en épis ou en panicules ; périanthe monophylle à 6 divisions égales.

Fourcræa ou Furcroya gigantea.

Plante dédiée au chimiste Fourcroy, pourvue d'une tige garnie de 30 à 40 feuillles longuement lancéolées, élégamment disposées, larges de 15 à 20 centimètres, à l'insertion, rétrécies ensuite, ayant au milieu 10 à 15 centimètres, rudes au toucher, non épineuses sur les bords, ou munies de plusieurs épines à la base. Hampe de 8 à 10 mètres terminée par une grande panicule composée de 30 à 40 ramifications portant des fleurs blanches.

Doryanthes palmeri.

Inflorescence en panicule ou thyrse allongée d'un mètre de longueur. Fleurs d'un magnifique rouge carminé. Feuilles radicales de 2 mètres de longueur ; tige de 2 à 3 mètres environ. Introduit en octobre 1882 par Ed. Butteaud.

Crinum asiaticum.

Introduit en 1845 par M. Johnston. Il nous a été donné d'observer par deux fois des lueurs intermittentes, pareilles à des éclairs, le soir, sur les feuilles de cette variété. Ainsi se sont vérifiées les observations qui avaient été faites pour la première fois par la fille de Linné.

FAMILLE DES LILIACÉES.

Plantes herbacées, bulbeuses ou à racines fibreuses et arbres à tiges généralement simples, droites, feuilles simples, ordinairement très longues. Fleurs régulières solitaires, ou diversement disposées en épis, en ombelles, en grappes etc., elles ont un périanthe simple à 6 divisions distinctes ou soudées entre elles; 6 étamines ; 1 ovaire supère à 3 loges ; style simple ou nul, stigmate épaissi à 3 lobes.

Asparagus officinalis,

Asperge. Importée depuis longtemps, mais n'ayant jamais été cultivée sérieusement, on ne peut émettre aucun jugement à son sujet.

Cordyline Australis.

La tige se ramifie et peut atteindre plusieurs mètres, fleurs en septembre. Cette plante appelée *Ti* par les indigènes, leur sert à plusieurs usages : ainsi la racine cuite fournit du sucre ; mise avec de l'eau en fermentation on en tire une eau-de-vie ; les mets cuits avec les feuilles comme enveloppe sont meilleurs. On fait encore servir cette plante à des usages médicinaux.

Cordyline Terminalis.

Plante décorative, diffère de la précédente en ce que sa tige est plus grêle et que ses feuilles sont roses dans leur jeunesse. Introduite en 1850 par M. Bonard ; fleurs en août.

Polianthes Tuberosa.

Introduite, en 1845, par M. Johnstone. Fleurs de novembre en janvier. Il existe deux variétés, l'une à fleurs simples, l'autre doubles.

Aloe Vulgaris.

Introduit par M. Bonard.

Yucca Glaucescens.

Y. Filamentosa.

Y. Aloïfolia.

Y. Gloriosa.

Fleurs de novembre à janvier.

Allium Ascalonicum.

Echalotte.

Daniella ensifolia.

Maupo des indigènes.

Lilium Candidum.

Introduit, en 1877, par Mme Boyd.

FAMILLE DES COMMÉLINÉES.

Plantes herbacées à tiges généralement noueuses ; feuilles engaînantes. Fleurs pourvues d'un calice à 3 sépales verts et de 3 pétales ; 6 étamines ; un ovaire supère à 3 loges surmontée d'un style.

Commelina tradescantia.

Introduit, en 1850, par M. Bonard ; nommé aussi : « Ephémère de Virginie. »

Tradescantia discolor.

Introduit, en 1845, par M. Johnstone.

Commelina Tuberosa celestis.

Introduit, en 1879, par Ed. Butteaud.

Ces différentes commélines, connues ici sous le nom d' « herbe à vaches » n'ont pas d'autre utilité que de servir de pâturages aux bêtes à cornes.

FAMILLE DES TACCACÉES.

Plantes herbacées, vivaces, à racines tuberculeuses donnant naissance à des feuilles profondément découpées ou entières et à des hampes simples, terminées par une ombelle de fleurs bizarres, entremêlées à des pédoncules stériles, et munies d'un involucre à 4 bractées ; périanthe à 6 divisions dont 3 intérieures plus grandes, pétaloïdes ; 6 étamines, 1 ovaire à une seule loge.

Tacca pinnatifida.

Pia des indigènes. La fécule que l'on tire, dans une proportion de 30 0/0, de la racine tuberculeuse de cette plante est nommée à tort arrowroot ; car la fécule de ce nom provient du *Maranta indica*, famille des cannacées. Cette fécule sert à bien des usages : alimentation des enfants, empois pour le linge, colle à papier, etc. C'est de la hampe florale grattée que l'on tire cette belle paille nommée « pia ». On peut encore tirer 40 0/0 d'alcool de la fécule mise en fermentation. Cette plante meurt tous les ans après la maturité de ses graines, et renaît, vers le mois d'octobre, de ses nouveaux tubercules.

XI. — FAMILLE DES JONCACÉES.

Plantes herbacées vivaces, rarement annuelles, à tige cylindrique simple ; feuilles engainantes à leur base ; fleurs hermaphrodites, terminales, disposées en panicule ou en cime renfermées avant l'anthèse dans la gaîne de la dernière feuille, qui leur forme une sorte de spathe ; périanthe à six divisions scarieuses disposées sur deux rangs ; six étamines sur deux rangs, dont l'intérieur avorte quelquefois ; ovaire triangulaire, à une ou trois loges polyspermes ; style simple, surmonté de trois stigmates ; fruit capsulaire, à une ou trois loges incomplètes, contenant 3 ou plusieurs graines, et s'ouvrant en 3 valves qui portent chacune une cloison sur le milieu de leur face interne ; graines ascendantes ; embryon petit, arrondi entouré par un endosperme farineux.

Luzula Campestris.

Indigène.

Astelia hamelina ou *Melanchium pumilum*.

Indigène.

XII. — FAMILLE DES ASTÉLIACÉES.

Plantes herbacées à feuilles toutes radicales et à fleurs disposées en panicules, ressemblant à des fleurs de jonc ; périanthe à 6 divisions assez semblables à des écailles ; 6 étamines ; un ovaire supère à 3 loges couronné par 3 stigmates sessiles.

Astelia Richardi.

Anae des indigènes. Fleurs en octobre et novembre. Cette plante croît soit sur les arbres, soit à terre ousur les roches. Fruit rouge groseille. Sans intérêt.

XIII. — FAMILLE DES PALMIERS.

Grands arbres en général, d'un port tout particulier, à tige simple, cylindrique, nue, couronnée au sommet par un faisceau de feuilles très grandes, pétiolées, persistantes, pennées ou palmées; fleurs hermaphrodites ou plus souvent unisexuées dioïques ou polygames, formant des châtons ou une grappe ou régime, enveloppée avant l'anthèse dans une spathe coriace, quelquefois ligneuse; périanthe à six divisions disposées sur deux rangs, alternes, simulant un calice et une corolle; six étamines, rarement trois; pistil composé de trois carpelles distincts ou plus ou moins soudés; ovaire à trois loges contenant chacune un ovule; fruit drupacé, charnu ou fibreux, renfermant un endocarpe osseux et très dur, à trois loges monospermes, dont deux avortent souvent; graine souvent très volumineuse; embryon très petit, cylindrique, placé à l'extérieur d'un endosperme charnu ou corné.

Outre les caractères qui viennent d'être exposés, les palmiers sont remarquables par leurs racines adventives naissant au-dessus du sol et accumulées vers la base de la tige, autour de laquelle elles forment souvent un lacis qui l'épaissit. Les feuilles, qui atteignent des dimensions considérables, sont portées sur de longs et forts pétioles très flexibles auxquels leur limbe très épais s'attache non en une ligne droite, mais en une ligne brisée en zigzag, de manière à former des plis qu'on ne peut mieux comparer qu'à ceux d'un évantail et qui se déploient exactement de la même manière. Le limbe ainsi plié est contenu dans le premier âge, et il finit par se fendre tout le long des plis et se partage ainsi plus ou moins profondément en une foule de lanières qui donnent à l'ensemble l'apparence palmée que l'on connaît.

C'est avec justesse que Linné, dans son langage élevé, en raison de la beauté et de la majesté de leur port, appelait ces végétaux « Princes des végétaux » car ils forment l'unique fortune de bien des populations et sont susceptibles de toutes sortes d'usages; les uns renferment dans l'intérieur de leur tronc de la fécule, avec les autres on obtient du vin de leur sève, des couvertures de constructions, des nattes, des vêtements, des tapis et des paniers de leurs feuilles; de celles-ci encore, une fois sèches, des flambeaux pour la pêche; et autres usages de nuit; du fruit, un aliment sérieux et de l'eau pour les malheureuses populations des îles basses! On se demande ce que l'homme peut encore demander à cette Nature bienveillante, lorsqu'on énumère les bienfaits qu'elle répand devant lui et dont il ne sait pas jouir.

En outre de tous ces dons, la sommité fraîche de certains palmiers offre un mets délicat connu sous le nom de « Chou palmiste » ou « Cœur de cocotier. »

Il est à regretter que dans un climat aussi approprié, que celui des Iles de la Société, cette belle famille ne soit représentée que par les quelques variétés dénommées ci-après.

1re tribu. — Arécinées.

Areca oleracea.

Arec d'Amérique. Bois très dur. Surtout intéressant par les différents usages auquel il sert. Le bourgeon terminal se mange en salade ou cuit comme les artichauts. Fruits sans usage.

2e tribu. — Calamées.

Calamus rudentum.

Rotang. Introduit en 1868 par M. Roy, capitaine de la *Vénus ;* plusieurs pieds sont à Pirae, où ils ont été plantés par M. Labbé.

3e tribu. — Borassinées.

Latania Bourbonica.

Latanier. Fleurs dioïques, spathe polyphylle, bractées imbriquées ; spadice rameux ; couvert d'écailles qui portent une fleur à leur aisselle ; perianthe sessille à six divisions, les trois extérieures plus petites ; quinze ou seize étamines réunies à la base.

4e tribu. — Coryphinées.

Phœnix Dactylifera.

Introduit par les missionnaires anglais. Il existe deux variétés : l'une à fruit rouge et l'autre à fruit jaune. Sous nos latitudes, le fruit du dattier mûrit mal et, par suite, est toujours âcre et amer.

Il réussirait peut-être mieux aux Marquises, où il aurait une somme de chaleur qui lui serait plus profitable. Ce sont des essais qui devraient être faits.

Chamærops humilis.

Palmier éventail. Fleurs polygames, dioïques, disposées en spadice rameux ; spathe monophylle, étamines soudées par leurs filets et formant un tube à six dents anthérifères ; ovaire composé de trois carpelles distincts ; fruit composé de 3 drupes petites, globuleuses, monospermes ; feuilles palmées ou digitées à pétioles épineux des deux côtés.

Cette variété, quoiqu'ayant été importée, est assez commune aux îles Marquises.

5e tribu. — Cocoïnées.

Elaïs Guiennensis.

Fleurs monoïques ; spathe monophylle ; périanthe à 12 divisions disposées sur 2 rangs ; 6 étamines ; ovaire uniloculaire ; style simple, épais ; stigmate trifide ; drupe coriace, fibreuse un peu anguleuse, à noyau uniloculaire, trivalve, percé de 3 trous à la base. Ce palmier a été introduit par François Butteaud, médecin de la marine ; ses fruits sont comestibles et leur brou donne une matière qui est solide, jaunâtre se liquéfiant facilement, nommé « Beurre de palme. »

Cocos nucifera.

Cocotier. Fleurs monoïques, portées sur le même spadice ; spathe monophylle ; fleurs mâles : six étamines accompagnées d'un ovaire rudimentaire ; fleurs femelles : ovaire simple ; style nul ; stigmate sessile, trilobé ; fruit drupacé, très gros, coriace, fibreux renfermant un noyau monosperne, muni de 3 trous à la base ; embryon très petit. Ce palmier atteint de 30 à 40 mètres d'élevation ses fruits sont gros ou petits ; l'épiderme verdâtre ou violet. L'endosperme contient de l'eau, quand il est jeune, plus tard il a une consistance semblable à celle de l'amande, et, une fois séchée, est vendue sous le nom de coprah. Certaines peuplades se servent de cette eau pour produire une boisson fermentée qui peut ensuite donner de l'alcool. Aux îles Gilbert cet alcool est obtenu d'entailles faites sur les régimes, on y suspend des tasses de cocos, arbritées par des feuilles, pour empêcher l'évaporation, et il découle de ces régimes un liquide qui forme une boisson très spiritueuse.

Les fibres extérieures des fruits servent aussi à différents usages les indigènes en font des cordes, du combustible et calfatent avec leurs pirogues. Les feuilles font de jolis paniers et des couvertures pour les cases. Le stipe équarri donne un assez bon bois employé en poteaux, piquets ou bordages d'embarcation.

Jubæa spectabilis.

Cocos chilensis. Palmier à tige élancée, épaissie au milieu. Peut atteindre 12 mètres de hauteur, pétioles longs de 4 à 5 mètres, s'infléchissant avec l'âge, garnis de pinnules roides et larges, d'un vert foncé, et luisantes. Les fruits sont comestibles. Introduit par par M. Roy, en même temps que d'autres plantes, qui ont été placées par l'Administration chez M. Labbé, à Pirac, pour être ensuite propagées dans l'île.

XIV. — FAMILLE DES PHYTÉLÉPHANTHÉES.

Les plantes de cette famille ont le port des palmiers et n'en diffèrent que par quelques caractères tirés du fruit, sorte de drupe couverte de protubérences ligneuses, et qui contient de 6 à 9 graines à albumen corné, blanc, très dur d'où le nom d'ivoire végétal qui a été donné aux graines.

Phytelephas macrocarpa.

Amérique méridionale. Croît dans les lieux humides. Cette jolie plante a été importée dans le pays par M. Planche, commandant alors le *Dayot.*

XV. — FAMILLE DES PANDANÉES.

Plantes à tiges arborescentes, quelquefois rameuses, garnies au sommet de nombreuses feuilles très rapprochées, formant gerbes, et disposées en spirale ; ces feuilles sont très longues embrassantes à la base, à nervure médiane saillante en dessous, armée ainsi que les bords de dents dures, épineuses. Les fleurs unisexuées, dioïques sont dépourvues de périanthes ; les fleurs mâles sont composées exclusivement de très nombreuses étamines garnissant l'axe d'un spadice ou grappe rameuse, et les femelles composées de pistils réunis en grand nombre autour d'un axe simple, formant un ensemble ou capitule sphérique.

Pandanus odoratissimus.

Cette variété croît spontanément sur les plages et dans les vallées Elle n'est employée par les Tahitiens qu'à la couverture des cases. Les indigènes de certaines îles madréporiques se nourrissent du fruit.

Pandanus inermis.

On fait avec des nattes qui sont très estimées.

Pandanus (?).

Nommé *Iri*. Les feuilles servent à la confection des cigarettes tahitiennes.

Il y a 4 espèces de pandanus *aiai*.

Freycinetia demissa ou *Freycinetia Urvilleana.*

Ieie des indigènes. Cette plante envahit les vallées au point d'intercepter la circulation ; elle est très utile à cause de ses racines adventives qui servent ici aux mêmes usages que l'osier en Europe. Plante d'ornementation pour serre.

XVI. — FAMILLE DES TYPHACÉES.

Plantes vivaces, aquatiques, à feuilles très longues, rubanées, épaisses, dressées. Fleurs nues, composées d'étamines et de pistils mélangés d'écailles et formant des épis cylindriques, mâles ou femelles selon l'organe dont ils sont constitués, et superposés sur la même tige : l'épi mâle au sommet de l'épi femelle un peu au-dessous.

Typha angustifolia.

Opaero des indigènes. Introduit en 1830. Sert à Tahiti aux tonneliers qui avec leurs feuilles étanchent les barils, et menace de combler tous les marais et étangs.

XVII. — FAMILLE DES AROIDÉES.

Plantes herbacées; feuilles ordinairement radicales, pourvues d'un long pétiole, et d'un limbe à nervure ramifiée, dont la forme, le plus souvent, se rapproche plus ou moins du cœur ou du fer de lance; quelquefois cependant les feuilles sont allongées ou plus moins profondément divisées. Les fleurs sont généralement unisexuées, dépourvues d'enveloppe, composées de pistils et d'étamines nus, rassemblés autour et à la base d'un axe commun, nommé spadice; les pistils inférieurement, les étamines un peu au-dessus, et le tout enveloppé par une grande bractée nommée spathe; quelquefois les organes sont mélangés: plusieurs fleurs mâles entourent une fleur femelle.

Colocasia esculenta ou *Arum esculentum.*

Comestible. *Taro* des Tahitiens. Feuilles longuement pétiolées, à limbe ample, cordiforme, aigu; spathe verdâtre, glauque, ovale, lancéolée, dressée, un peu capuchonnée. Les rhizomes forment la nourriture d'un grand nombre de peuplades des contrées océaniennes, on mange aussi les jeunes feuilles sous forme d'épinards.

Colocasia macrorrhiza ou *Arum costatum, Caladium odorum.*

Ape des indigènes. Tiges très grosses, à écorce brunâtre; feuilles fortement et longuement pétiolées, très larges, mesurant souvent plus d'un mètre de longueur, en cœur, fortement nervées; spathe vert-jaune, grande et odorante.

C'est sur cette espèce d'aroïdées qu'il nous a été donné de constater ce phénomène de chaleur des plantes. Ainsi, au moment de l'éclosion de la spathe lors de la floraison, le thermomètre donne de 10 à 15 degrés de plus que l'atmosphère ambiante; c'est du reste une chose bien connue, qu'il est inutile de mentionner.

Colocasia purpureum.

Variété du précédent. Les rhizomes sont comestibles quoiqu'ayant un principe d'âcreté qu'il est, toutefois, facile de faire disparaître.

Dracontium polyphyllum.

Teve. Est sans utilité ici.

Monstera (?).

Arum bicolor. — A. maculatum.

Introduits par Mgr d'Axiéri, en 1877.

Arum (?).

Nommé *Calalu* ou *Calalou*, les feuilles sont excellentes accommodées comme les épinards ou l'oseille. Introduit par Mme Michaux.

XVIII. — FAMILLE DES CYPÉRACÉES.

Les plantes de cette famille sont des herbes assez semblables d'aspect à celles de la famille des graminées; mais elles s'en distinguent par la tige généralement triangulaire, dépourvue de nœuds, et par des feuilles engainantes, dont la gaîne est non fendue. Les fleurs sont composées de trois étamines et d'un pistil, insérés à l'aisselle d'une seule écaille, au lieu de deux comme dans les graminées.

Cyperus venustus.

Cyperus pennatus ou *cinctus.*

Mou. Fleurs en septembre et octobre. Sert de lien aux indigènes pour différents usages.

Mariscus umbellatus.

M. macrophyllus.

Kyllingia monocephala.

Mou upoonui. Fleurs de septembre à décembre.

Fimbristylis juncea.

Rhynchospora aurea.

Lamprocarya Schœnoides.

Vincentia latifolia.

V. angustifolia.

XIX. — FAMILLE DES GRAMINÉES.

Plantes herbacées, annuelles ou vivaces, rarement sous-frutescentes, à tiges généralement fistuleuses, munies de nœuds d'où partent des feuilles alternes et engaînantes; gaîne fendue dans toute sa longueur, pouvant être considérée comme un pétiole dilaté, offrant à son point de jonction avec le limbe une ligule, sorte de petit collier membraneux ou formé de poils; fleurs disposées en épillets qui eux-mêmes forment, par leur réunion, une panicule ou un épi composé. Chaque épillet est entouré de deux bractées qui constituent la glume; chaque fleur est accompagnée de deux autres bractées dont l'ensemble est appelé glumelle, et à l'intérieur desquelles on trouve le plus souvent deux organes foliacés rudimentaires, offrant la forme d'écailles; fleurs généralement hermaphrodites; étamines hypogynes, le plus souvent au nombre de trois, rarement plus ou moins, à filets capillaires et anthères bifides; ovaire uniloculaire, monosperme, marqué d'un sillon longitudinal sur un des côtés, surmonté de deux styles que terminent deux stigmates plumeux; fruit à péricarpe très mince, intimément soudé avec le tégument de la graine; embryon discoïde, appliqué sur la partie inférieure d'un endosperme farineux.

Paspalum scrobiculatum.

Nonoha.

P. filiforme.

Panicum sanguinale.

Nanamu.

Ophismenus setarius.

Papapapa.

O. compositus.

Cenchrus echinatus.

Piripiri.

Thouarea involuta.

Eleusine indica.

Tamamau ou *Tamaomao.*

Lepturus repens.

Centotheca lappacea ou *Pao latifolia.*

Oheohe.

Bambusa Arundinacea.

Bambou.

Saccarhum spontaneum.

Toaeho. Canne à sucre sauvage.

Erianthus floridulus.

Aeho.

Andropogon acicularis.

Papapa.

A. allioni.

A. tahitensis.

Aretu monoi.

A. sorghum ou *Holcus sorghum.*

Introduit, en 1850, par M. Bonard.

Andropogon saccharatus ou *Sorghum saccharatum.*

Introduit, en 1857, par M. Cuzent.

Andropogon cernuus.

Introduit, en 1850, par M. Bonard.

Oryza sativa.

Introduit, en 1850, par M. Bonard.

Zea maïs.

Introduit par les missionnaires protestants.

Saccharum officinarum.

Canne à sucre.

S. atrorubens.

Ute.

Rurutu.	*S. rubicaudum.*
Irimotu.	*S. fragile.*
Avae.	*S. fragile variegatum.*
Piavere.	*S. obscurum.*
Vahinono.	*S. glabrum.*
Oura.	*S. rubicundum variegatum.*
	Bambusa variegata.

DEUXIÈME PARTIE

PLANTES ACOTYLÉDONES

OU

CRYPTOGAMES

ACOTYLÉDONES ou CRYPTOGAMES.

Plantes à organes reproducteurs non constitués par des étamines et des ovules, à organes mâles de structure variée souvent nuls ou d'existence problématique, se reproduisant par des spores ou embryons homogènes non composés de parties distinctes ; spores dispersées dans toute l'étendue ou disposées seulement dans certaines parties de la plante, soit à sa surface, soit dans toute l'étendue ou disposées seulement dans certaines parties de la plante, soit à sa surface, soit dans son épaisseur même, renfermées ou non dans des receptacles particuliers, formées ordinairement d'un seul utricule à membrane unique ou double, dépourvues d'enveloppe propre, ne se continuant à aucune époque par un funicule avec les parois de la cavité qui les renferme, ordinairement groupées, dans leur jeunesse, par deux ou un multiple de deux, souvent par quatre, s'allongeant par un point de la surface lors de la germination.

Ire DIVISION.

FOUGÈRES.

Plantes terrestres, quelquefois épiphytes, à rizhome souterrain ou rampant sur le sol, d'autres fois à tige aérienne ligneuse, en forme de stype comme dans les palmiers, émettant des rameaux foliacés, semblables à des feuilles, enroulés en crosse avant leur développement et auxquels on donne le nom de frondes. C'est à la face inférieure de ces frondes, et à leur extrémité, que sont groupées les sporanges, qui renferment les spores, et dont chaque petit groupe, nommé sore, est parfois recouvert d'une pellicule nommée indusie. Les plantes de cette famille sont divisés en nombreux genres, qui sont caractérisés par la forme ou la disposition des sores, l'absence ou la présence de l'indusie, et par la structure des sporanges.

1re Tribu. — Gleichéniacées.

Anuhe. *Gleichenia dichotoma.*

2e Tribu. — Cyathéacées.

Mamau. *Cyathea medullaris.*

Alsophila decurrens.

3e Tribu. — Hyménophyllées.

Hymenophyllum Tunbridgense.

H. polyanthos.

Trichomanes Tahitense.

T. parvilum.

T. proliferum.

T. digitatum.

T. radicans.

T. filicula.

T. glauco-fuscum.

T. rigidum.

T. strictum.

T. maximum.

T. polyanthos.

4e Tribu. — Davaliées.

Davalia pectinata.

D. Tahitensis.

D. contigua.

D. solida.

D. elegans.

Tiatia moua.

D. elata.

D. Kumzeana.

D. blumeana.

D. polypodioïdes.

D. tenuifolia.

D. gibberosa.

Rima ahu.

5e Tribu. — Ptéridées.

Adiantum hispidulum.

Hypolepis tenuifolia.

H. repens.

Maa nana.

H. rugulosa.

Pellea geranifolia.

Fee.

Ptéris (?)

6e Tribu. — Lomariées.

Lomaria elongata.

L. attenvata.

L. vulcanica.

L. lanceolata.

Momea. *L. procera.*

Blechnum orientale.

7e Tribu. — Aspléniées.

Oaha. *Asplenium.*

A. elongatum.

Allantodia brunoniana.

8e Tribu. — Aspidiées.

Aspidium ou *aculeatum.*

A. aristatum.

A. cicutarium.

Amaa. *Aspidium propuiquum.*

Nephrodium unitum.

Nuna. *N. patens.*

N. tenericaule.

Amoa. *Nephrolepis exaltata.*

N. acuta.

N. obliterata.

Oleandra Cumingii.

9e Tribu. — Polypodiées.

Popypodium australe.

P. subspathulatum.

P. trichosorum.

P. decorum.

P. blechnoides.

P. purpurescens.

10e Tribu. — Acrostichées.

Acrostichum squamasum.

A. mutabile.

A. gorgoneum.

A. repandum.

Uu.

A. aureum.

Pihaoto.

A. blumeanum.

A. spicatum.

11e Tribu. — Schizéacées.

Schizea dichotoma.

Lygodium scandens.

Mehameho.

12e Tribu. — Marathiacées.

Marattia elegans. — Para.

Angiopteris erecta. — Nahe.

A. longifolia.

13e tribu. — Ophioglossées.

Ophioglossum nudicaule.

O. reticulatum. — Tiapito anefenua.

O. minimum.

O. pendulum. — Mave.

Botrychium cicutarium.

14e tribu. — Lycopodiacées.

Lycopodium cernuum. — Rimarima tafai.

L. phlegmaria. — Mave.

L. myrtifolium.

L. ciliatum.

L. verticillatum.

L. complanatum.

Selaginella Apus.

S. Flabellata.

Psilotum triquetum ou *Lycopodium nudum*.

Aito *ou* niu.

Psilotum complanatum.

Tmesipteris Forsterii.

15e tribu. — Marsiléacées.

Marsilea quadrifolia.

Introduit.

2e DIVISION.

HÉPATIQUES,

1re tribu. — Jungermanniées.

Gottschea Berteroana.

G. aligera.

G. Philippinensis.

G. Blumii.

G. Tahitensis.

Plagiochila blepharophora.

P. Neesiana.

P. Abietina.

Jungermannia monodum.

J. Piligera.

J. Taylori.

J. polyrhiza.

J. argutus.

Mastigobryum monilinerne.

M. cordistipulum.

M. australe.

Trichocolea tomentella.

Sendtnera ochrolenca.

S. diclados.

S. gracilis.

Radula reflexa.

R. cordiloba.

R. formosa.

R. Retroflexa.

Aneura pinguis.

A. pinnatifida.

A. multifida.

Metzgeria furcata.

Madotheca subsquarrosa.

Phraganicoma aulacophora.

P. securifolia.

Frullania pacificæ.

F. atrata.

Symphyogyna Hochstetteri.

S. filicum.

2e tribu. — Anthocérotées.

Dendroceros Javanicus.

Anthceros Forsterii.

3e tribu. — Marchantiées.

Plagiochasma cœrulescens.

Marchantia Tahitensis.

Dumorteira hirsuta.

Reboulia Javanica.

Cyathodium cavernarum.

3e DIVISION.

MOUSSES

1re Tribu. — Bruchiacées.

Astomum nervosum.

2e Tribu. — Fissidentées.

Fissidens genunervis.

F. radicans.

3e Tribu. — Lencobryacées.

Lencophanes octoblepharoïdes.

L. fragile.

L. Blumii.

4e Tribu. — Miniacées.

Minium rostratum.

Leptostomum macrocarpum.

L. erectum.

Polytrichum convolutum.

5e Tribu. — Bryacées.

Bryum peromnion.

B. australe.

6e Tribu. — Dicranées

Holomitrum vaginatum.

Dicranum flexifolium.

D. arcuatum.

D. artocarpum.

7e Tribu. — Pottioïdées.

Weissia viridula.

Zygodon pusillus.

Macromitrium subtile.

M. orthosticum.

Glumbelia scouleri.

8e Tribu. — Hypoptherygiacées.

Hypopterygium filiculæforme.

H. spectabile.

Cyathopharum bulbosum.

9e Tribu. — Mniadelphacées.

Daltonia coutarta.

Mniadelphus montagneanus.

M. Spathulatus.

10e Tribu. — Hypnoïdées.

Rhegmatodon rufus.

Fabrionia tahitensis.

Neckera lepineana.

N. australasica.

N. urvilleana.

N. balfourriana.

N. madagascariensis.

N. nigrescens.

Pilotrichum tenellum.

P. helictophyllum.

P. cylindraceum.

Hookeria sublimbata.

Hypnum inflectens.

H. chamissonis.

H. paradoxum.

H. fruscescens.

H. pycnophyllum.

H. comosum.

H. junghuhnii.

TABLE ALPHABÉTIQUE

DES PRINCIPALES PLANTES TAHITIENNES

Noms tahitiens	Noms latins	Noms français	Familles
Aere	Celtis discolor (etc.)		Ulmacée.
Aerofai	Achyranthes aspera		Amaranthacée.
Aerofai	Achyranthes velutina		Amaranthacée.
Ahi	Santalum Freycinetianium	Santal	Santalacée.
Ahia	Jambosa Malaccensis	Pomme tahitienne	Myrtacée.
Ahia papaa	Jambosa vulgaris	Pomme rose	Myrtacée.
Aie	Pemphis acidula		Salicariée.
Aito	Casuarina equisetifolia	Bois de fer	Casuarinée.
Amaa	Aspidium propinquum		Aspidiée.
Amia	Siegesbeckia orientalis		Composée.
Amoa	Nephrolepis exaltata		Fougère.
Anae	Astelia Richardi		Astéliacée.
Anani	Citrus aurantium	Oranger	Aurantiacée.
Anei	Fitchia nutans		Composée.
Anuhe	Gleichenia dichotoma		Fougère.
Apape	Rhus tahitensis		Térébinthacée.
Apape monoi	Panax tahitense		Araliacée.
Apara	Malus (ses variétés)	Pommier	Rosacée.
Ape	Colocasia macrorrhiza		Aroïdée.
Apitati	Artemisia absinthium	Absinthe	Composée.
Araiha	Procris pedunculata		Urticée.
Araihau	Ascarina polystachya		Protéacée.
Aroro	Cucurbita multiflora		Cucurbitacée.
Atae	Erythrina indica.		Légumineuse.
Atahe	Alstonia costata		Apocynée.
Atahe manono	Echites costata		Apocynée.
Ati	Calophyllum inophyllum	Tamanou	Clusiacées.
Atoto	Euphorbia atoto		Euphorbiacée.
Aturi	Portulaca oleracea		Portulacée.
Autaraa	Terminalia glabra		Combrétacée.
Aute	Broussonetia papyrifera.		Urticée.
Aute	Hibiscus rosa sinensis		Malvacée.
Avaava	Nicotiana tabaccum	Tabac	Solanée.
Ava avairai	Piper latifolium		Pipéracée.
Ava turatura	Plumbago Zeylanica		Plombaginée.
Avaro	Premma Tahitensis		Verbénacée.

Noms tahitiens	Noms latins	Noms français	Familles
Avota	Persea gratissima	Avocatier	Laurinée.
Céleri	Apium graveolens	Céleri	Ombellifère.
Cerfeuil	Scandix cerefolium	Cerfeuil	Ombellifère.
Combava	Citrus histrix		Aurantiacée.
Faiate	Tabernæmontana orientalis		Apocynée.
Faifai	Mimosa glandulosa		Légumineuse.
Faipuu	Geniostoma rupestre...		Loganiacée.
Fara	Pandanus (en général)..	Pandanus	Pandanée.
Faupa	Hibiscus abortivus		Malvacée.
Faurau maire....	Hibiscus trilobatus		Malvacée.
Fautia	Abelmoschus moschatus		Malvacée.
Fee	Pellea geranifolia		Fougère.
Feï *ou* Fehii.....	Musa feï *ou* fehii	Féi	Musacée..
Fenia	Melicytus ramiflorus...		Bixacée.
Haari	Cocos nucifera	Cocotier	Palmier.
Haape *ou* Haapape	Cyrtandra biflora		Gesnériacées
Harato	Laportea photiniphylla.		Urticée.
Haupaa	Grewia malacoco		Tiliacée.
Hitoa	Cauthium lucidum		Rubiacée.
Hoi	Dioscorea bulbiflora ...		Convolvulacée.
Hora	Tephrosia piscatoria ...		Légumineuse.
Horahora	Lepidium piscidium ...		Crucifère.
Huamati	Balanophora fungosa...		Balanophorée.
Hue	Cucurbita Lagenaria ...	Gourde	Cucurbitacée.
Huehue	Kariiwia Samoensis....		Cucurbitacée.
Hutu	Barringtonia speciosa..		Myrtacée.
I *ou* ita	Carica papaya	Papayer	Papayacée.
Ieie	Freycinetia demissa ...		Pandanée.
Iri	Pandanus (variété)	Pandanus	Pandanée.
Iriaeo	Urtica interrupta		Urticée.
Kava	Piper methysticum		Pipéracée.
Kofai	Agaty tomentosa		Légumineuse.
Maa nana	Hypolepis tenuifolia...		Fougère.
Mafatu anae.....	Bolbophyllum longiflorum		Orchidée.
Mahame	Glochidion ramiflorum .		Euphorbiacée.
Maiore	Artocarpus incisa	Arbre à pain	Urticée.
Mairai	Byronia tahitensis		Ilicinée.
Mamau	Cyathea medullaris....		Fougère.
Mamma	Mammea americana		Clusiacée.
Maniota	Manihot utilissima	Manihot	Euphorbiacée.
Manono	Stylocaryne sambucina.		Rubiacée.
Manono	Phyllanthus ramiflorum		Euphorbiacée.
Mao	Commersonia echinata.		Bytnériacée.
Maohi	Saccharum officinarum.	Canne à sucre...	Graminée.
Mape	Inocarpus edulis		Sapotée.
Mapua	Adenosma fragrans....		Acantacée.
Mara	Nauclea rotundifolia...		Rubiacée.

Noms tahitiens	Noms latins	Noms français	Familles
Mataura Haeha..	Antirrhinum hexandrum		Scrophularinée
Mati	Ficus tinctoria		Urticée.
Matimati	Pseudomorus brunoniana		Urticée.
Maupo	Daniella ensifolia		Liliacée.
Mave	Bœrhavia diffusa		Nyctaginée.
Mave	Epidendrum biflorum..		Orchidée.
Mave	Ophioglossum pendulum		Fougère.
Mave	Lycopodium phlegmaria		Lycopodiacée.
Mehameho	Lygodium scandens...		Fougère.
Meia	Musa (variétés)	Bananier	Musacée.
Mereni papaa	Cucumis melo	Melon	Cucurbitacée.
Mereni Tahiti	Cucurbita citrullus	Pastèque	Cucurbitacée.
Miri	Ocimum gratissimum..	Basilic	Labiée.
Miro	Thespesia populnea...	Bois de rose	Malvacée.
Moemohe	Phyllanthus virgatus..		Euphorbiacée.
Momea	Lomaria procera		Fougère.
Mori	Crossastyles biflora...		Rhizophorée.
Motuu	Melastoma tahitense...		Mélastomacée.
Mou	Cyperus pennatus		Cypéracée.
Mou-Upoonui	Kyllingia monocephala.		Cypéracée.
Nahe	Angiopteris erecta		Fougère.
Nanamu	Panicum sanguinale...		Graminée.
Napao	Alstonia costata		Apocynée.
Nave	Brassica napus	Navet	Crucifère.
Niho roa iti	Strachys (?)		Labiée.
Niho roa iti	Leucas decemdentata..		Labiée.
Niu	Psilotum triquetrum...		Lycopodiacée.
Nohau	Peperomia leptastachya		Pipéracée.
Nono	Morinda atrifolia		Rubiacée.
Nonoha	Paspalum scrobiculatum		Graminée.
Nuna	Nephrodium patens		Fougère.
Oaha	Asplenium		Fougère.
Oaoa *ou* ovau...	Daphne fœtida		Daphnéacée.
Ofai	Agati tomentosa		Légumineuse.
Ofe *ou* ohe	Bambusa	Bambou	Graminée.
Ofe para	Botryodendrum tahitense		Araliacée.
Ofeo	Pittosporum undulatum		Pittosporée.
Oniani piropiro..	Allium cepa	Ail	Liliacée.
Opaero	Typha angustifolia		Typhacée.
Oporavainui	Erythrina tahitensis...		Légumineues.
Oporo	Solanum anthropophagorum		Solanée.
Oporovainui	Gyrocarpus asiaticus...		Gyrocarpée.
Opuhi	Amomum ceruga		Zingibéracée.
Opuhi paapa	Alpinia nutans		Zingibéracée.

Noms tahitiens	Noms latins	Noms français	Familles
Opuopu	Vaccinium cereum		Vacciniée.
Oraa	Ficus prolixa	Banian	Urticée.
Orive	Olea europœa	Olivier	Oléacée.
Oronau	Buttneria tahitensis		Byttnériacée.
Oseille	Rumex acetosa	Oseille	Polygonée.
Otime	Mentha piperita	Menthe poivrée	Labiée.
Ouru	Suriana maritima	Plumier	Connaracée.
Paaura	Dioscorea sativa	Igname	Convolvulacée.
Paeore	Pandanus (variété)	Pandanus	Pandanée.
Paifeo	Viscum articulatum		Loranthacée.
Painapo	Bromelia ananas	Ananas	Broméliacée.
Paoratuumato	Cassia Gaudichaudii		Légumineuse.
Para	Marattia elegans		Fougère.
Parahirahi	Pentacarya heliotropoides		Borraginée.
Patara	Dioscorea pentaphylla	Igname	Convolvulacée.
Patere	Petroselinum sativum	Persil	Ombellifère.
Patoa	Cardamine sarmentosa		Crucifère.
Pia	Tacca pinnatifida		Taccacée.
Pia rautahi	Pogonia nervilla		Urticée.
Pihaoto	Achrosticum aureum		Fougère.
Pilipitioo	Abrus precatorius		Légumineuse.
Pine	Xylosma suaveolens		Bixacée.
Pipi	Phaseolus vulgaris	Haricot	Légumineuse.
Pipi	Vigna lutea		Légumineuse.
Pipi rarahi	Vicia faba	Fève	Légumineuse.
Pipi nainai	Ervum lens	Lentille	Légumineuse.
Piripiri	Urena lobata		Malvacée.
Piripiri	Psidens paniculata		Composée.
Piripiri	Cenchrus echinatus		Graminée.
Pirita	Dioscorea pirita	Igname	Convolvulacée.
Piti	Amygdalus persica	Pêcher	Rosacée.
Pofatuaoao	Sophora tomentosa		Légumineuse.
Pohue	Calonyction speciosum		Convolvulacée.
Pohue	Convolvulus Brasiliensis		Convolvulacée.
Pohue miti	Ipomæa prescapra		Convolvulacée.
Pope haavare	Mimosa pudica	Sensitive	Légumineuse.
Pota tihopu	Brassica oleracea	Chou ordinaire	Crucifère.
Pota hinu roroa	Cichorium intibus	Chicorée	Composée.
Pua	Carissa grandis		Loganiacée.
Pua	Solanum repandum		Solanée.
Puaiti	Solanum viride		Solanée.
Pua rata	Melaleuca æstuosa		Myrtacée.
Puatea	Pisonia brunoniana		Nyctaginée.
Puatea	Pisonia umbellifera		Nyctaginée.
Puaveoveo	Cratœva religiosa		Capparidée.
Purau	Peritium tiliaceum	Bourao	Malvacée.
Puruhi	Pisonia grandis		Nyctaginée.
Rama	Ximenia elliptica		Olacinée.

Noms tahitiens	Noms latins	Noms français	Familles
Rama	Schmidelia cobbe		Sapindacée.
Rati	Raphanus sativus	Radis	Crucifère.
Rea	Curcuma longa	Curcuma	Zingiberacée.
Rea moeruru	Zingiber Zerumbet		Zingiberacée.
Remuna	Punica granatum	Grenadier	Granatée.
Reva	Cerbera Forsterii		Apocynée.
Rima ahu	Davalia gibberosa		Fougère.
Rimarima tafai	Lycopodium cernuum		Lycopodiacée.
Roa	Urtica æstuans		Urticée.
Roti	Rosa (variétés)	Rosier	Rosacée.
Tapoti	Sapotas achras	Sapotiller	Sapotée.
Tafano	Guettarda speciosa		Rubiacée.
Tafifi	Jasminum didymun	Jasmin	Jasminée.
Tafifi	Morinda umbellata		Rubiacée.
Taatahiara	Dichrocephala latifolia		Composée.
Tainoa	Cassyta filiformis		Laurinée.
Tamamau	Eleusine indica		Graminée.
Tamanu	Calophyllum inophyllum	Tamanou	Clusiacée.
Tamanufarii	Physalis angulata		Solanée.
Tamerini	Tamarindus indica	Tamarinier	Legumineuse.
Tamore	Polygonum imberbe		Polygonée.
Tamore moua	Lepinia Australis		Apocynée.
Tapotapo	Anona squamosa	Pomme cannelle	Anonacée.
Tapotapo papaa	Anona muricata	Corrosol	Anonacée.
Taporo	Citrus medica	Citronnier	Aurantiacée.
Taraire	Terminalia glabra		Combrétacée.
Taretare	Daucus	Fenouil	Ombellifère.
Taro	Colocasia esculenta	Taro	Aroïdée.
Tarona	Nerium oleander	Laurier rose ou blanc	Apocynée.
Taroti	Daucus carota	Carotte	Ombelliferé.
Tatara moa	Guilacidina Bonducella		Légumineuse.
Taurihau	Convolvulus turpethum		Convolvulacée.
Tere	Celtis discolor		Ulmacée.
Teve	Dracontium polyphyllum		Aroïdée.
Ti	Cordyline australis		Liliacée.
Ti	Thea sinensis	Thé	Terustrœmiacée.
Tiairi papaa	Amygdalus communis	Amandier	Rosacée.
Tiairi	Aleurites triloba	Bancoulier	Euphorbiacée.
Tia papa	Peperomia rhomboïdea		Piperacée.
Tiapito anefenua	Ophioglossum reticulatum		Fougère.
Tiare	Gardenia tahitensis	Tiaré	Rubiacée.
Tiatia moua	Davalia elegans		Fougère.
Tipanie	Plumeria alba	Franchipanier	Apocynée.
Tira	Melia sempervirens	Lilas des Indes	Méliacée.

Noms tahitiens	Noms latins	Noms français	Familles
Tirita	Asclepias curassavica..		Asclépiadée.
Tòa............	Casuarina equisetifolia.	Bois de fer......	Casuarinée.
Taofe...........	Coffea arabica.........	Café	Rubiacée.
Toatoa..........	Elatostemma sessile ...		Urticée.
Tohetupu	Psycotria herbacea		Rubiacée.
Tohinu	Tournefortia argentea..		Borraginée.
Toï	Rhamnus zizyphoïdes..		Rhamnèe.
Tomati	Lycopersicum esculentum..............	Tomate.........	Solanée.
Toroea	Chiococca barbata.....		Rubiacée.
Toromeho.......	Fitchia tahitensis		Composée.
Toroura	Cyathula prostata.....		Amaranthacée.
Totarâ..........	Theobroma cacao......	Cacaoyer	Byttneriacée.
Totoma.........	Cucumis sativus......	Concombre......	Cucurbitacée.
Toû............	Cordia sebestena......		Cordiacée.
Tuava..........	Psidium pyriferum....	Goyavier........	Myrtacée.
Tuava taina.....	Psidium Cattleyanum..	Goyavier de Chine	Myrtacée.
Tupere	Physalis pubescens....	Coquerel........	Solanée.
Tupu...........	Epidendrum resupinatum..............		Orchidée.
Tutaepuaa	Mucuma gigantea		Légumineuse.
Tute	Ficus carica..........	Figuier.........	Urticée.
Tutu.	Colubrina asiatica.....		Rhamnée.
Tutui	Aleurites triloba	Bancoulier.	Euphorbiacée.
Tutui foraoa.....	Canavalia obtusifolia...		Légumineuse.
Uhi.	Dioscorea alata	Igname.........	Convolvulacée.
Uhi parai.......	Dioscorea pirita.......	Igname.........	Convolvulacée.
Umara putete....	Solanum tuberosum ...	Pomme de terre..	Solanée.
Upaupatumuore..	Dendrophtoe Forsterianus...............		Loranthacée.
Upoetii.	Amaranthus gangeticus		Amaranthacée.
Uramoae........	Linodorum fasciola....		Orchidée.
Urio	Triumfetta procumbens.		Tiliacée.
Uru............	Artocarpus incisa.	Arbre à pain	Urticée.
Uu.............	Achrostichum repandum		Fougère.
Vaianu	Adenostemma viscosum		Composée.
Vairoa..........	Bœhmeria interrupta ..		Urticée.
Vanira	Vanilla aromatica	Vanille.........	Orchidée.
Vavai	Bombax malabaricum..		Sterculiacée.
Vavai	Gossypium religiosum..		Malvacée.
Vihi ou Vii......	Spondias cytherea.....	Arbre de Cythère.	Térebinthacée.
Vii papaa.......	Mangifera indica......	Manguier	Terebinthacée.
Vine	Vitis vinifera.........	Vigne	Ampelidée.
Vipé	Reynoldsia Tahitense..		Araliacée.

Fin de la Table.

Papeéte (Octobre 1891). — Imprimerie du Gouvernement.

www.ingramcontent.com/pod-product-compliance
Lightning Source LLC
LaVergne TN
LVHW021838170726
843503LV00003B/983

* 9 7 8 2 3 2 9 7 6 9 1 4 1 *